現場で使える！

Python（パイソン）科学技術計算入門

NumPy（ナンパイ）/SymPy（シンパイ）/SciPy（サイパイ）/pandas（パンダス）による数値計算・データ処理手法

かくあき 著

SE SHOESHA

本書内容に関するお問い合わせについて

このたびは翔泳社の書籍をお買い上げいただき、誠にありがとうございます。
弊社では、読者の皆様からのお問い合わせに適切に対応させていただくため、以下のガイドラインへのご協力をお願い致しております。
下記項目をお読みいただき、手順に従ってお問い合わせください。

●ご質問される前に

弊社Webサイトの「正誤表」をご参照ください。これまでに判明した正誤や追加情報を掲載しています。

正誤表　https://www.shoeisha.co.jp/book/errata/

●ご質問方法

弊社Webサイトの「刊行物Q&A」をご利用ください。

刊行物 Q&A　https://www.shoeisha.co.jp/book/qa/

インターネットをご利用でない場合は、FAXまたは郵便にて、下記翔泳社愛読者サービスセンターまでお問い合わせください。電話でのご質問は、お受けしておりません。

●回答について

回答は、ご質問いただいた手段によってご返事申し上げます。ご質問の内容によっては、回答に数日ないしはそれ以上の期間を要する場合があります。

●ご質問に際してのご注意

本書の対象を越えるもの、記述個所を特定されないもの、また読者固有の環境に起因するご質問等にはお答えできませんので、予めご了承ください。

●郵便物送付先およびFAX番号

送付先住所　〒160-0006　東京都新宿区舟町5
FAX 番号　03-5362-3818
宛先　㈱翔泳社 愛読者サービスセンター

※本書に記載されたURL等は予告なく変更される場合があります。
※本書の対象に関する詳細はivページをご参照ください。
※本書の出版にあたっては正確な記述につとめましたが、著者や出版社などのいずれも、本書の内容に対してなんらかの保証をするものではなく、内容やサンプルに基づくいかなる運用結果に関してもいっさいの責任を負いません。
※本書に掲載されているサンプルプログラムやスクリプト、および実行結果を記した画面イメージなどは、特定の設定に基づいた環境にて再現される一例です。
※その他、本書に記載されている会社名、製品名はそれぞれ各社の商標および登録商標です。
※本書の内容は、2020年3月執筆時点のものです。

PREFACE

はじめに

Pythonは幅広い用途で利用されている、強力で、学びやすいプログラミング言語です。コンピュータを利用して科学や工学分野の数学的問題を計算・解決することを科学技術計算といい、Pythonは科学技術計算の用途でも広く利用されています。例えば、2019年に発表されて話題となった、世界初のブラックホールの直接撮像であるM87中心の巨大ブラックホールの撮像においても、データ処理から画像作成に至るまでPythonが使用されました。

本書はコンピュータを用いて数学的問題の解決に取り組む学生、エンジニア、研究者の方に向けて、Pythonの基礎知識と、科学技術計算への利用方法を扱った書籍です。

本書では、Pythonプログラミングの経験がほとんど、または全くない方に向け、Pythonの基礎から説明しています。次に、数値計算の根幹を担うNumPy（ナンパイ）、代数計算を行うSymPy（シンパイ）、計算結果をグラフに表示するMatplotlib（マットプロットリブ）といった、科学技術計算で利用される基本的なライブラリの使い方を解説しています。これらのライブラリと、様々な分野に関する数値計算関数を提供するSciPy（サイパイ）の応用例として、線形代数や微積分などの初歩的な数値計算例を紹介します。続いて、データ解析でよく使われるpandas（パンダス）と、様々なファイル形式を使ったデータの入出力の基礎を解説しています。

最後に、計算効率を追求する方に向けて、Cython（サイソン）とNumba（ナンバ）を用いてPythonコードを高速化する方法について触れています。

本書が読者の方の業務や学業の一助となり、ご活躍に少しでも役立つものとなれば非常に幸いです。

2020年3月吉日

かくあき

INTRODUCTION 本書の対象読者と必要な事前知識

高機能で、学びやすいPythonは、科学技術計算の用途でも広く利用されています。

本書は、コンピュータを用いて数学的問題の解決に取り組む学生、エンジニア、研究者の方に向けて、Pythonの基礎知識と、科学技術計算への利用方法について解説した書籍です。

- 科学・工学系研究（シミュレーション）を行う理工学生、エンジニア、研究者
- データサイエンティスト

CHARACTERISTIC 本書の主な特徴

本書では以下の内容にこだわって執筆しています。

- 科学技術計算に必要なPythonに特化
- 数値計算、代数計算、データの可視化を行う、NumPy、SciPy、SymPy、Matplotlibの使用方法
- データ処理で利用されるpandasの使用方法
- 様々なファイル形式を使ったデータの入出力方法
- CythonとNumbaを用いたPythonコードの高速化

About the SAMPLE

本書のサンプルの動作環境とサンプルプログラムについて

本書はWindows10（64bit）の環境を元に解説しています。Pythonとライブラリのインストールには Anaconda Individual Edition (Anaconda3-2020.02-Windows-x86_64) を使用しています。本書のサンプルは表1の環境で、問題なく動作していることを確認しています。

表1 サンプルの実行環境

名前	バージョン
Python	3.7.6
Jupyter Notebook	6.0.3
NumPy	1.18.1
SymPy	1.5.1
SciPy	1.4.1
Matplotlib	3.1.3
pandas	1.0.1
seaborn	0.10.0
OpenPyXL	3.0.3
Cython	0.29.15
line_profiler	2.1.2
Numba	0.48.0

付属データのご案内

付属データ（本書記載のサンプルコード）は、以下のサイトからダウンロードできます。

- **付属データのダウンロードサイト**
  URL https://www.shoeisha.co.jp/book/download/9784798163741

◎注意

付属データに関する権利は著者および株式会社翔泳社が所有しています。許可なく配布したり、Webサイトに転載したりすることはできません。

付属データの提供は予告なく終了することがあります。あらかじめご了承ください。

◎会員特典データのご案内

会員特典データは、以下のサイトからダウンロードして入手いただけます。

- **会員特典データのダウンロードサイト**
  URL https://www.shoeisha.co.jp/book/present/9784798163741

◎注意

会員特典データをダウンロードするには、SHOEISHA iD（翔泳社が運営する無料の会員制度）への会員登録が必要です。詳しくは、Webサイトをご覧ください。

会員特典データに関する権利は著者および株式会社翔泳社が所有しています。許可なく配布したり、Webサイトに転載したりすることはできません。

会員特典データの提供は予告なく終了することがあります。あらかじめご了承ください。

◎免責事項

付属データおよび会員特典データの記載内容は、2020年3月現在の法令等に基づいています。

付属データおよび会員特典データに記載されたURL等は予告なく変更される場合があります。

付属データおよび会員特典データの提供にあたっては正確な記述につとめましたが、著者や出版社などのいずれも、その内容に対してなんらかの保証をするものではなく、内容やサンプルに基づくいかなる運用結果に関してもいっさいの責任を負いません。

付属データおよび会員特典データに記載されている会社名、製品名はそれぞれ各社の商標および登録商標です。

◎著作権等について

付属データおよび会員特典データの著作権は、著者および株式会社翔泳社が所有しています。個人で使用する以外に利用することはできません。許可なくネットワークを通じて配布を行うこともできません。個人的に使用する場合は、ソースコードの改変や流用は自由です。商用利用に関しては、株式会社翔泳社へご一報ください。

2020年3月

株式会社翔泳社　編集部

CHAPTER 1 開発環境の準備

本章では、本書で利用するPython開発環境のインストールと簡単な使い方を解説します。

1.1 Pythonのインストール

本節では、Python開発環境のインストール方法を解説します。

1.1.1 Anaconda Individual Editionのインストール

Pythonには様々なインストール方法があります。Pythonを科学技術計算で利用する場合は、Anaconda社の提供する**Anaconda**を利用すると簡単に環境を構築できます。AnacondaはPythonの本体だけでなく、主要な**科学技術計算用パッケージ**をまとめてインストールしてくれます。

まず、Anaconda Individual Edition(無償版のAnaconda)を以下の公式サイトからダウンロードします。

- **Anaconda Individual Edition**
  URL https://www.anaconda.com/distribution/

図1.1のPython 3.7 versionの方を選択します。本書では、執筆時点(2020年3月現在)で最新の「Anaconda3-2020.02-Windows-x86_64.exe」でサンプルを作成、検証しています。

なお、Anacondaのすべてのバージョンは以下のサイトからダウンロードできます。

- **Anaconda installer archive**
  URL https://repo.continuum.io/archive/

図1.1 Anaconda Distributionのダウンロード画面

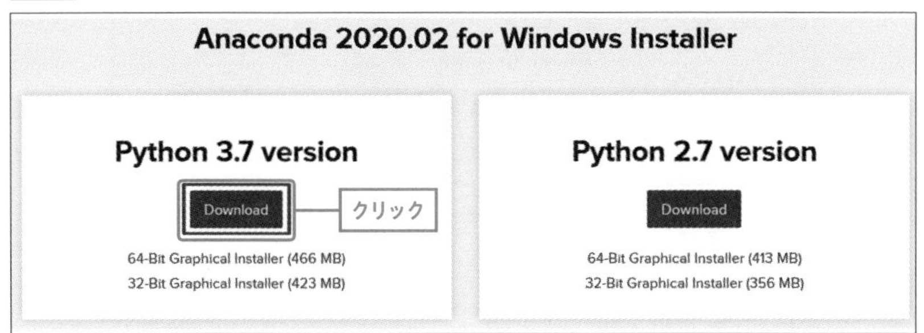

ダウンロードしたファイルを実行すると 図1.2 の画面が表示されます。「Next」をクリックして進めます。

図1.2 Setup開始

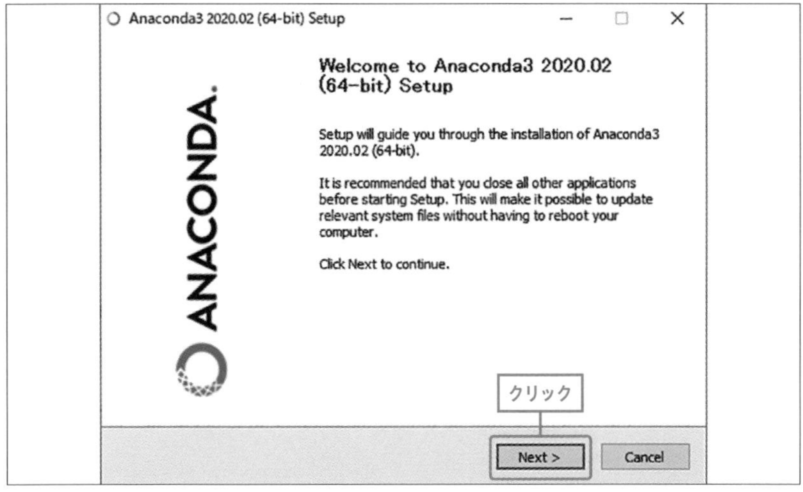

図1.3 の画面ではAnaconda Distributionのライセンス条項が表示されています。内容を一通り確認したら「I Agree」をクリックします。

図1.3 ライセンスに同意

Anaconda3 2020.02 (64-bit) Setup

ANACONDA.

License Agreement

Please review the license terms before installing Anaconda3 2020.02 (64-bit).

Press Page Down to see the rest of the agreement.

End User License Agreement - Anaconda Individual Edition

Copyright 2015-2020, Anaconda, Inc.

All rights reserved under the 3-clause BSD License:

This End User License Agreement (the "Agreement") is a legal agreement between you and Anaconda, Inc. ("Anaconda") and governs your use of Anaconda Individual Edition (which was formerly known as Anaconda Distribution).

If you accept the terms of the agreement, click I Agree to continue. You must accept the agreement to install Anaconda3 2020.02 (64-bit).

クリック

Anaconda, Inc.

< Back　I Agree　Cancel

図1.4 ではインストールの種類として、使用するユーザーの範囲を選択します。Anacondaを自分の環境だけで利用する場合は、そのまま「Next」をクリックします。

図1.4 インストールの種類を選択

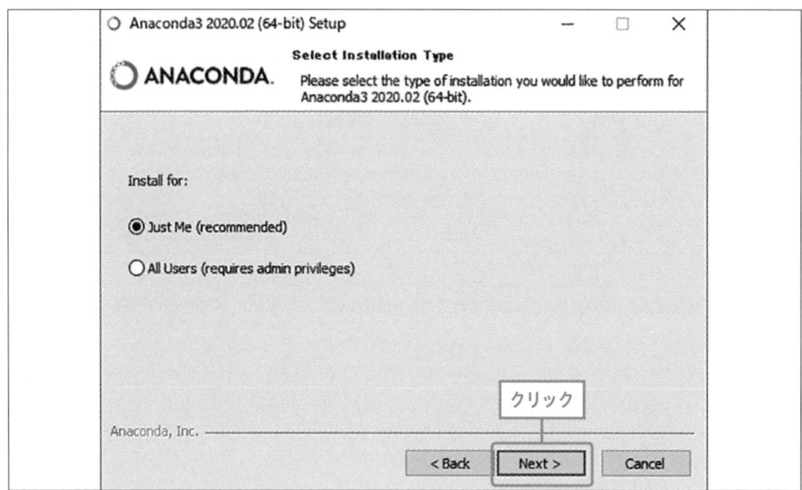

次にインストール先を指定して「Next」をクリックします（図1.5）。

図1.5 インストール先を指定

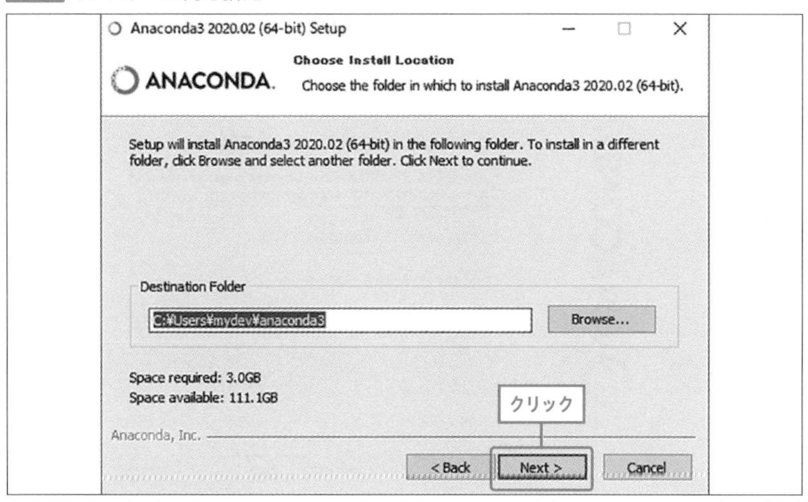

図1.6 の画面ではデフォルトのままで「Install」をクリックします。インストールが始まるので、完了するまでしばらく待ちます。

図1.6 インストールオプション

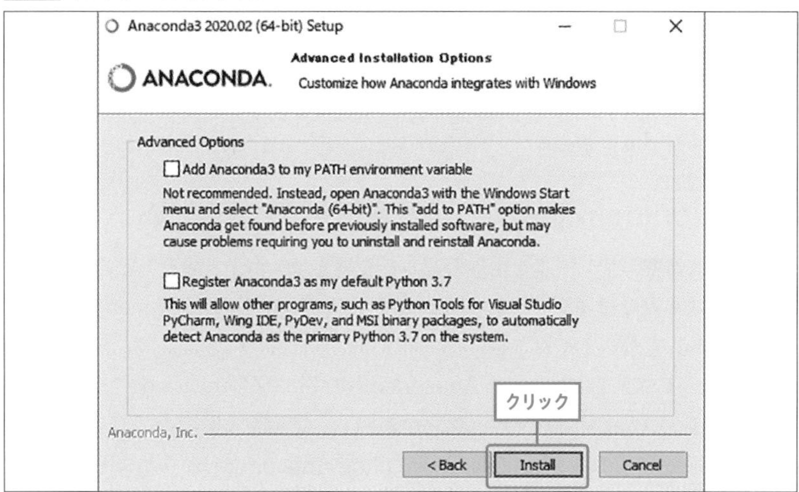

Anacondaのインストールが完了したら「Next」をクリックして進めていきます。ここでAnacondaのバージョンによってはJetBrains社のPyCharmの紹介画面が表示されますが、本書では利用しないので「Next」をクリックします。最後に 図1.7 の画面で「Finish」をクリックして画面を閉じます。

図1.7 インストール完了

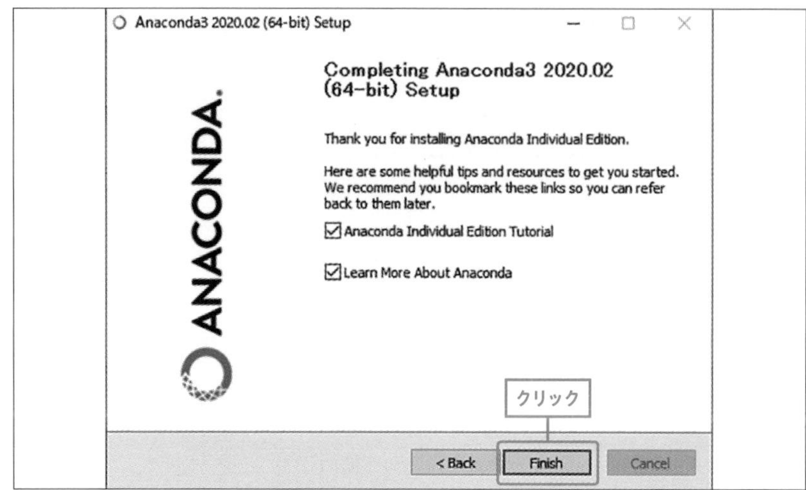

1.1.2 仮想環境を作成する

仮想環境とは、Pythonの実行ファイルやパッケージなどがまとめられたフォルダのことです。仮想環境はそれぞれ独立しており、Pythonやパッケージのバージョンを使い分けたい場合などに有用です。プロジェクトごとに仮想環境を作り、必要なパッケージだけインストールすれば、パッケージの依存関係で問題が生じる可能性が減ります。また、仮想環境は簡単にコピーでき、複数の人と環境を共有することができます。

environment.ymlから仮想環境を作成する方法

ここでは本書のサンプルを動作確認した環境をインポートする方法を解説します。まずは本書の付属データのダウンロードサイトからenvironment.ymlをダウンロードしておいてください。

Windowsのスタートメニューの「Anaconda3」の中にある「Anaconda Navigator」を選択するとAnaconda Navigatorが起動し、図1.8の画面が表示されます。なお、初回起動時には「Thanks for Installing Anaconda!」から始まる画面が表示されますが、「Ok, and don't show again」をクリックして画面を閉じてください。図1.8の「Environments」をクリックして仮想環境の管理画面に移動します。

MEMO

Anaconda Navigator

Anaconda NavigatorはAnacondaでインストールしたアプリケーションの起動や、実行環境の管理などを行うためのアプリケーションです。

図1.8 Anaconda Navigator

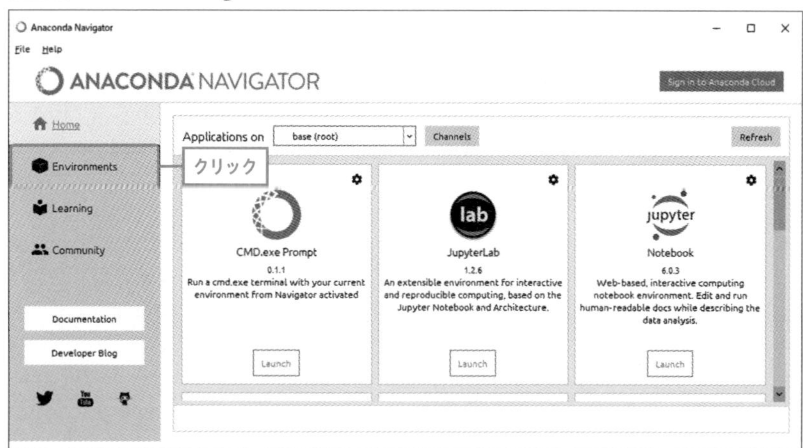

図1.9 の画面には利用できる仮想環境の一覧と、選択した環境にインストールされているパッケージの一覧が表示されています。ここで「Import」をクリックします。

図1.9 仮想環境のインポート

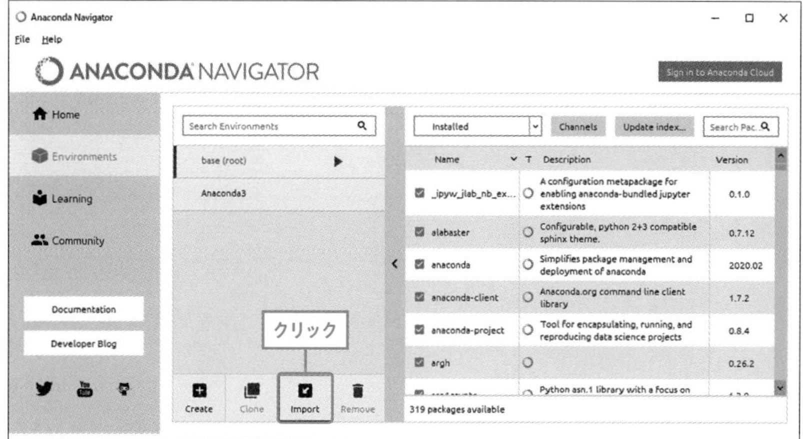

図1.10 の画面が表示されるので、Specification Fileのフォルダアイコンをクリックし❶、ダウンロードしておいたenvironment.ymlを選択します❷。Nameには仮想環境の名前を入力します❸。「Import」をクリックすると❹、仮想環境が作成されます。

図1.10 「Import new environment」画面

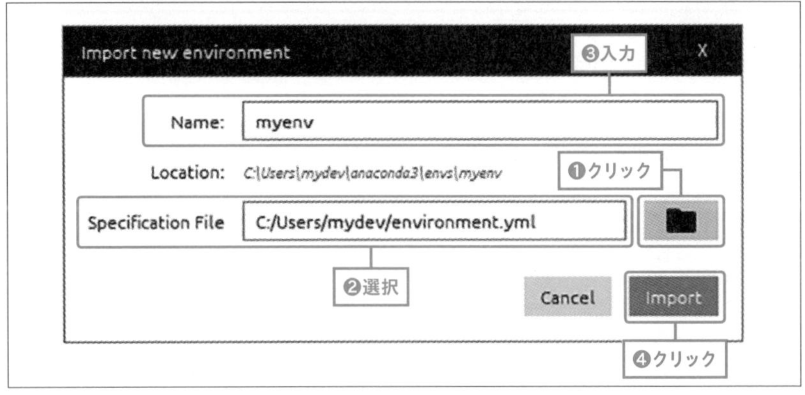

新規に仮想環境を作成して個別にパッケージをインポートする方法

もしも仮想環境を新規に作成したい場合は 図1.11 の「Create」をクリックします。

図1.11 仮想環境の新規作成

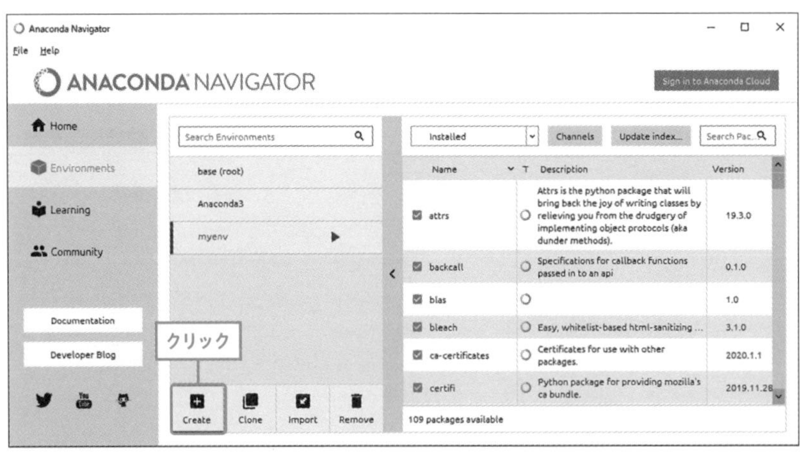

図1.12 の画面が表示されるので、Nameに仮想環境の名前を入力❶、

Packagesで Pythonを選択し❷、Pythonのバージョンを選択します❸（本書の環境では「Python 3.7」を選択している）。「Create」をクリックすると❹、仮想環境が作成されます。

図1.12 「Create new environment」画面

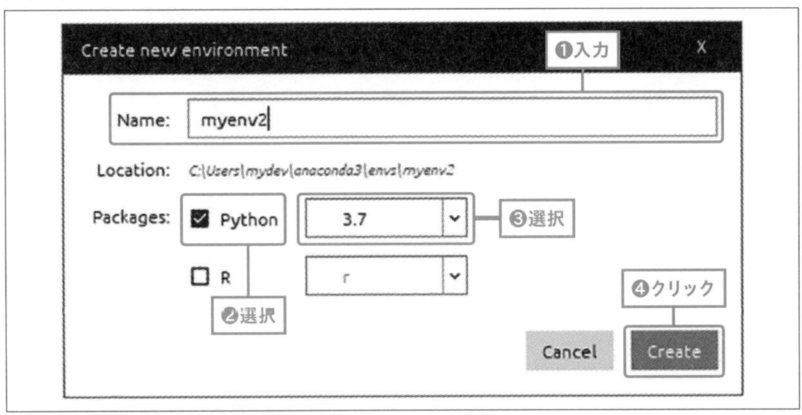

仮想環境が作成されたら必要なパッケージを選択してインストールします。図1.13の「All」を選択し❶、Search Packagesにパッケージ名を入力して❷、検索します。インストールするパッケージにチェックを入れ（図1.14❶）、チェックを右クリックしてパッケージのバージョンを選択します❷❸。本書で必要なパッケージは表1.1の通りです。「Apply」をクリックすると❹、パッケージが環境にインストールされます。

図1.13 パッケージのインストール①

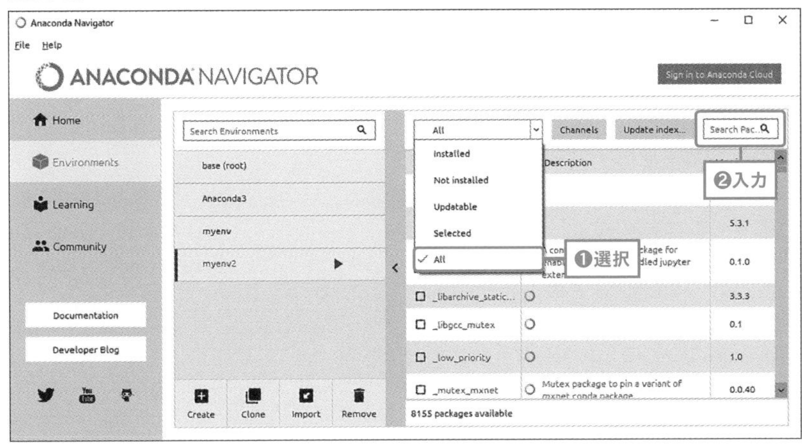

図1.14 パッケージのインストール②

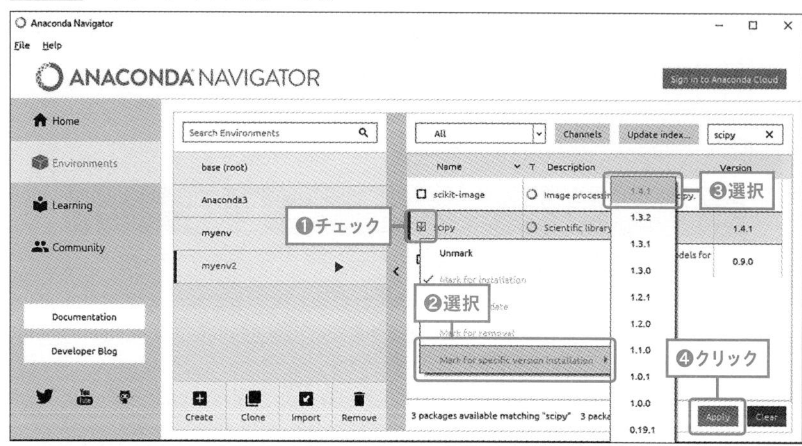

パッケージ名	バージョン
notebook	6.0.3
numpy	1.18.1
sympy	1.5.1
scipy	1.4.1
matplotlib	3.1.3
pandas	1.0.1
seaborn	0.10.0
openpyxl	3.0.3
cython	0.29.15
line_profiler	2.1.2
numba	0.48.0

表1.1 パッケージ名とバージョン

1.2 Jupyter Notebook

本節では、Jupyter Notebookの起動方法と操作方法を簡単に説明します。

 1.2.1 Jupyter Notebookとは

Jupyter Notebookはブラウザ上で動作するアプリケーションです。ノートブックと呼ばれる形式のファイルを開き、対話的にPythonなどのプログラムを実行していくことができます。Jupyter NotebookではIPythonというPython実行環境が動作しており、IPython独自のコマンドや機能も使えるようになっています。

ノートブックではプログラムの実行だけでなく、説明用のテキストや数式を記述したり、画像や動画を挿入することができます。プログラムとその解説、作業内容のメモなどをまとめて管理できるので、発表用の資料やチームメンバーとの共有資料の作成に便利です。

また、Jupyter Notebookの後継を目指してJupyterLabというアプリケーションが開発中です。JupyterLabはJupyter Notebookと同じようにノートブックを扱うことができ、どちらを利用してもかまいません。本書では機能がシンプルであるJupyter Notebookの操作方法を解説します。

MEMO

公式ドキュメントのURL

Jupyter NotebookとJupyterLabの詳細な使い方は以下の公式ドキュメントに記載されています。ドキュメントには機能を紹介する動画なども含まれています。

・Jupyter Notebook
URL https://jupyter-notebook.readthedocs.io/en/stable/

・JupyterLab
URL https://jupyterlab.readthedocs.io/en/latest/

1.2.2 Jupyter Notebookを起動する

Anaconda NavigatorのHome画面から使用する仮想環境を切り替えられます。図1.15のように前節で作成した仮想環境を選択します❶。そして、Jupyter Notebookの「Launch」をクリックすると❷、Jupyter Notebookが起動し、デフォルトのWebブラウザが立ち上がります。

図1.15 Anaconda Navigator

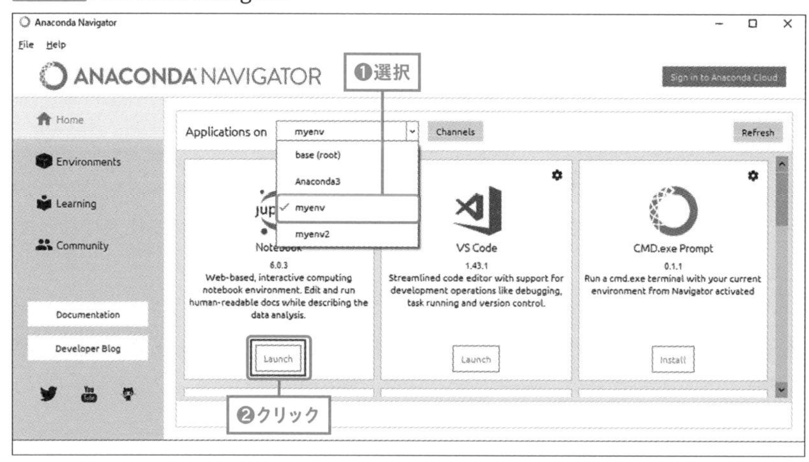

ブラウザに図1.16のようなダッシュボード画面が表示されます。この画面ではフォルダやファイルを操作することができます。

図1.16 Jupyter Notebookのダッシュボード画面

jupyter　Quit　Logout

Files　Running　Clusters

Select items to perform actions on them.　Upload　New

0 /　Name　Last Modified　File size

Name	Last Modified
3D Objects	22日前
Anaconda3	1ヶ月前
Contacts	22日前
Desktop	22日前
Documents	22日前
Downloads	4日前

作業するフォルダに移動したら右の「New」をクリックし(図1.17❶)、

「Python 3」を選択します❷。Jupyter Notebookの新規ファイルが作成され、新しいタブに開かれます。ファイルの拡張子は.ipynbです。

図1.17 新規にノートブックを作成

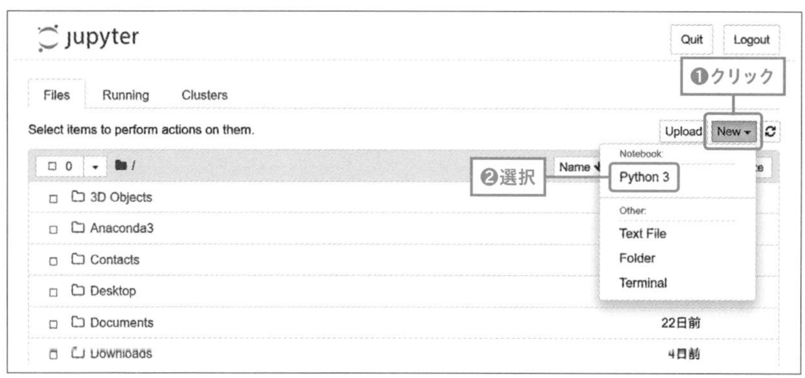

1.2.3 セルの操作

図1.18にあるような文字を入力する枠をセルと呼びます。Jupyter NotebookではセルにPythonのコードを書いて実行していきます。

図1.18 コードを入力するセル

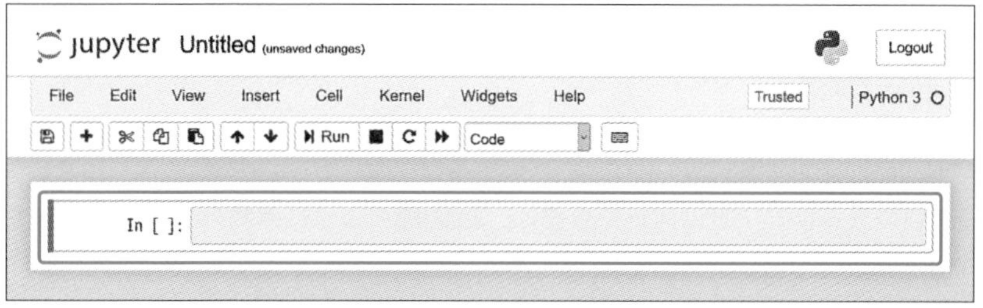

セルに`print('Hello, Python!')`と入力し、[Shift]+[Enter]キーを押してみましょう。すると、図1.19のように実行結果がセルの下に表示され、次のセルが追加されます。ここで使用した`print`関数は指定の文字を出力させる命令です。

図1.19 print関数の例

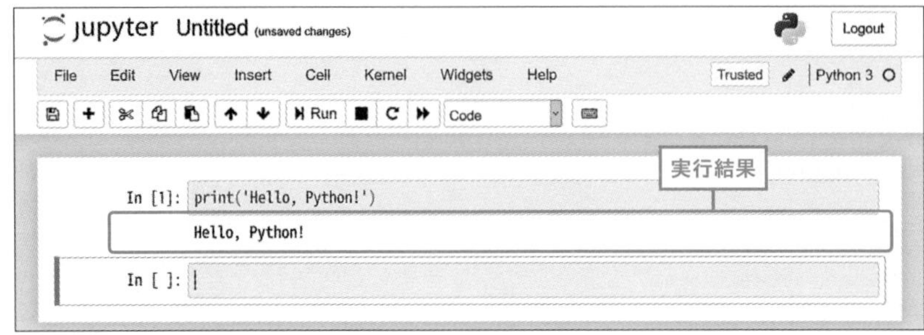

追加されたセルにコードを書き、それを実行することを繰り返していきます。電卓を使うような感覚で1 + 1などと入力して実行すると、その計算結果が表示されます(図1.20)。

図1.20 数値計算の例

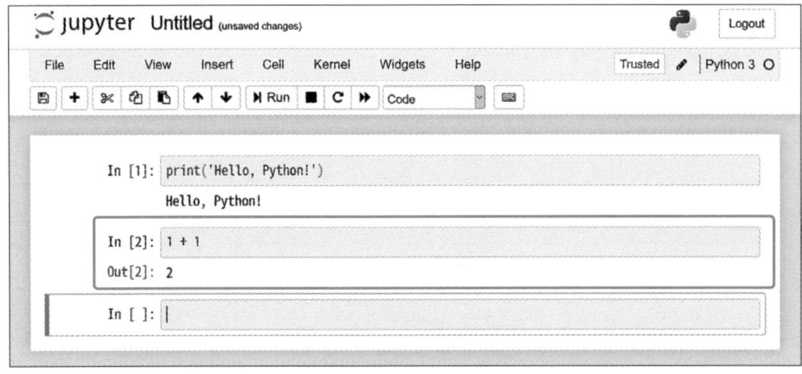

1つのセルにコードは何行でも書け、図1.21のように複数の行を書くこともできます。

図1.21 複数行のコードの入力

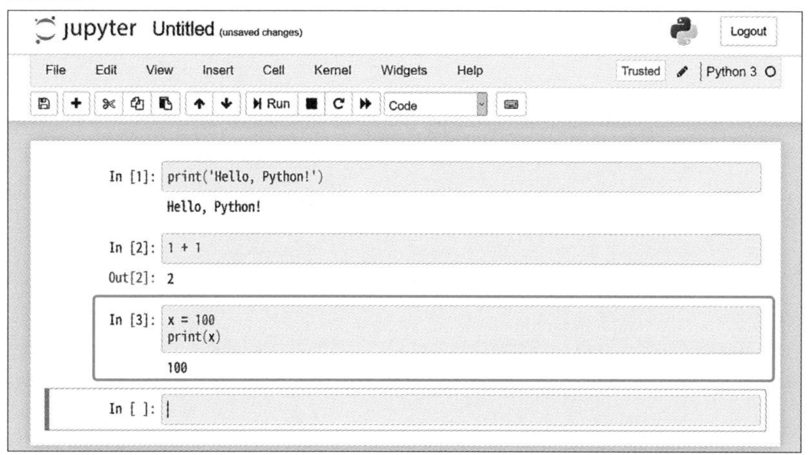

コードの意味の補足やメモを残すためのコメントも書けます。Pythonでは#(ハッシュマーク)から行末までがコメントとなります(図1.22)。コメントはPythonプログラムとしては無視されます。

図1.22 コメントの例

セルには種類があり、図1.23のようにセルの種類を選択して変更できます。Pythonのコードを記述する場合は「Code」、通常のテキストを記述する場合は「Markdown」を選択します。

図1.23 セルの種類の選択

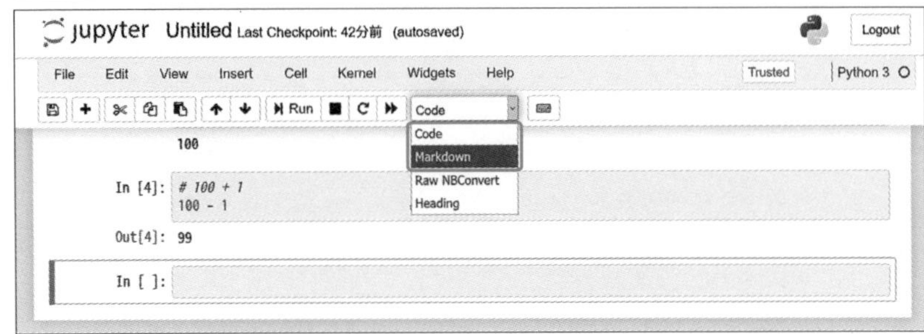

Markdownセルでは、**Markdown**という言語の記法に従ってテキストを記述することで、テキストを装飾することができます。Markdownセルに図1.24のように入力して実行します。

図1.24 Markdownセルの例

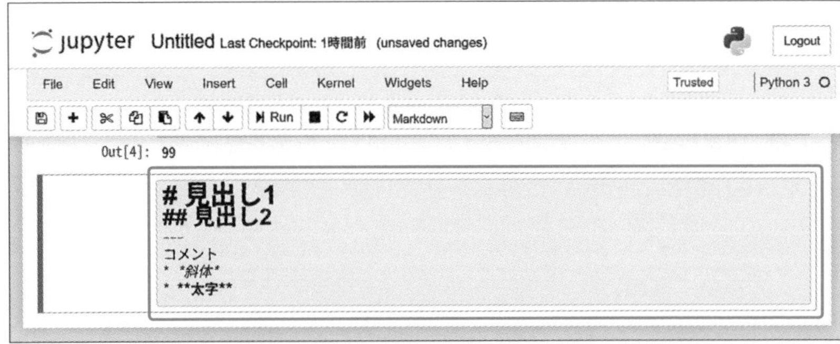

するとテキストが装飾されて図1.25のように表示されます。ほかにもMarkdownセルには$\LaTeX$(ラテフ)形式の数式を書いたり、HTML要素を含めることができます。

1 2 3 4 5 6 7 8 9 開発環境の準備

図1.25 Markdownセルの実行結果

セルにはテキストを入力する**編集モード**と、セル自体を操作する**コマンドモード**があります。セルの入力欄をクリックすると編集モードになり、それ以外の箇所をクリックするとコマンドモードになります。セルの左端が編集モードでは緑、コマンドモードでは青く表示されます。

セルの操作は上部のメニューバーとツールバーから行えます。また、コマンドモードではキーボードショートカットを利用してセルを操作できます。例えば[h]キーを押すとキーボードショートカットの一覧が表示されます。また、[p]キーを押すと 図1.26 のようにコマンドパレットが開きます。コマンドパレットから実行したいコマンドを検索し、実行することができます。

図1.26 Jupyter Notebookのコマンドパレット

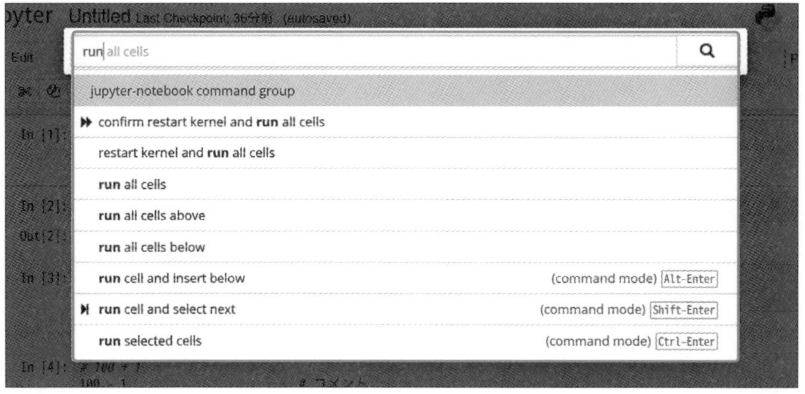

CHAPTER 2

Python プログラミングの基本

本章では、Pythonを科学技術計算の分野で利用する際に、最低限必要となる文法や機能について解説します。

2.1 オブジェクト、変数

本節では、Pythonの学習を始めるにあたり、最初に知っておくべき基本事項について解説します。

2.1.1 オブジェクトの概要

オブジェクトとはデータと、それに関連する処理をまとまりとして管理したものです。Pythonで扱う対象はすべてオブジェクトとして実装されています。

オブジェクトに属している値やメソッドのことを**属性**と呼びます。属性を参照するには**オブジェクト.属性名**と記述します。例えば、リスト2.1ではpythonという文字列を表すオブジェクトが持っているupper属性を参照しています。

リスト2.1 オブジェクトの属性を参照

In

```
'python'.upper
```

Out

```
<function str.upper()>
```

ここで、**呼び出し可能オブジェクト**について説明します。呼び出し可能オブジェクトとは()演算子が適用されたときの処理が定義されているオブジェクトです。関数やメソッドは呼び出し可能オブジェクトです。

先程の文字列オブジェクトのupper属性はメソッドです。リスト2.2のように()を付けると処理が実行され、文字を大文字にした文字列オブジェクトが返されます。

リスト2.2 upperメソッドの呼び出し

In

```
'python'.upper()
```

Out

```
'PYTHON'
```

オブジェクトがどのような属性を持っているかを決めているものを型といいます。すべてのオブジェクトには型があります。

オブジェクトの型を調べるにはtype関数を使用します。例えば、整数を表すオブジェクトはintという型のオブジェクトです(リスト2.3)。この型オブジェクトのことをクラスと呼び、組み込みでintなど様々なクラスが用意されています。オブジェクトはクラスに定義された内容に従って独自の属性やメソッドを持っています。

リスト2.3 type関数の例

In

```
type(1)
```

Out

```
int
```

最後に識別値、identityなどと呼ばれる重要な概念を説明します。識別値とはオブジェクトが生成される際に、オブジェクトに割り当てられる固有の整数値です。識別値はオブジェクトが削除されなければプログラムの実行中で変わることはありません。また、識別値は基本的にプログラムの実行のたびに異なる値になります。

オブジェクトの識別値を得るにはid関数を使用します(リスト2.4)。

リスト2.4 id関数の例

In

```
id(1)
```

Out

```
140706126995856
```

2.1.2 変数

変数とはオブジェクトを参照するための名札のようなものです。オブジェクトに名前を束縛し、オブジェクトをその名前で参照できるようにすることを代入といいます。なお、1つのオブジェクトに名前を複数束縛させることもできます。

代入は=を使った代入文で記述します。リスト2.5の代入文を実行すると、変数aで値が1の整数オブジェクトを参照できるようになります。

リスト2.5 代入文の例①

In

```
a = 1
a
```

Out

```
1
```

リスト2.6のように複数の変数への代入はまとめて書くことができます。

リスト2.6 代入文の例②

In

```
b = a = 2

print(a)
print(b)
```

Out

```
2
2
```

代入の逆操作として、指定の名前の束縛を取り除くにはdel文を使います。リスト2.7を実行すると変数aが開放されます。

リスト2.7 del文の例

In

```
del a
```

2.1.3 名前に関する規則と注意点

Pythonでは変数などの名前に以下の文字が使え、これらの組み合わせで名前を付けます。リスト2.8のようにx1という名前は付けられますが、数字が先頭の1x等は名前に付けられないので注意してください。

- 小文字の英字(aからz)
- 大文字の英字(AからZ)
- 数字(2文字目以降で0から9)
- アンダースコア(_)

リスト2.8 名前の規則

In

```
x1 = 1
x1
```

Out

```
1
```

以下のような文字も名前に使えますが、自分だけが使うプログラムや、理解のあるグループ内での使用に留めるようにしましょう。

- 小文字のギリシャ文字(αからζ)
- 大文字のギリシャ文字(ΑからΖ)
- 数値記号(Ⅶなど)
- ひらがな、カタカナ、漢字

また、有効な名前でもいくつか使えない名前があります。キーワードや予約語というPythonの制御のために使われている文字は名前に使えません。キーワードの一覧はリスト2.9で確認できます。

リスト2.9 キーワードの一覧

In

```
import keyword
```

```
print(keyword.kwlist)
```

Out

```
['False', 'None', 'True', 'and', 'as', 'assert', 'async',➡
 'await', 'break', 'class', 'continue', 'def', 'del', ➡
'elif', 'else', 'except', 'finally', 'for', 'from', ➡
'global', 'if', 'import', 'in', 'is', 'lambda', ➡
'nonlocal', 'not', 'or', 'pass', 'raise', 'return', ➡
'try', 'while', 'with', 'yield']
```

キーワード以外にも組み込みで使われている名前が多くあり、それらを使用するとバグの原因になるので避けるようにしましょう。例えば`print`という名前は`print`関数で使われているので使わないようにします。Jupyter Notebookでは、キーワードを含めて組み込みで使われている名前が色付きで表示されます。そのため、組み込みで使われている名前を全部覚える必要はありません。なお、組み込みで使われている名前の一覧は`dir(__builtin__)`を実行すると確認できます。

2.1.4　ライブラリ

ライブラリとは特定のプログラムを再利用可能な形でまとめたものです。ライブラリには大きく2種類あり、標準ライブラリはあらかじめPythonに付属しているライブラリです。標準ライブラリが豊富なので、デフォルトの状態でもPythonをいろいろな用途に使えます。

サードパーティライブラリというものは、標準のものではなく、個人や企業等の第三者が作ったライブラリのことです。Anacondaでは様々なサードパーティライブラリがPythonと一緒にインストールされます。

ライブラリでモジュールとして提供されているものは`import`文を使って利用できます。標準ライブラリに数学用の関数がまとめられた`math`モジュールがあるので、それをインポートしてみましょう。リスト2.10の`import`文を実行すると`math`という名前でモジュールオブジェクトがインポートされます。`math`モジュールに含まれる関数はモジュールの属性として参照できます。ここで使用している`sqrt`関数は引数に指定された数の平方根を返す関数です。

リスト2.10 モジュールのインポート

In

```
import math

math.sqrt(2)
```

Out

```
1.4142135623730951
```

インポートするオブジェクトにはasキーワードを用いて独自の名前を付けられます。リスト2.11を実行すると、標準のrandomモジュールのオブジェクトがrという名前でインポートされます。

リスト2.11 asキーワードの使用例

In

```
import random as r

r.randint(0, 10)
```

Out

```
7
```

モジュール内の特定のオブジェクトだけを使いたい場合は、それをfrom文で選択してインポートします。リスト2.12のように、インポートしたオブジェクトを直接使えます。

リスト2.12 from文の使用例

In

```
from math import pi, cos

cos(pi)
```

Out

```
-1.0
```

2.2 数値

本節では、最も基本的な組み込みデータ型である数値型について説明します。

2.2.1 整数

整数オブジェクトは整数リテラルを使って簡単に作成できます。特定の組み込み型に用意された、オブジェクトを直接表記する書式をリテラルと呼びます。整数オブジェクトは10進数の整数で表記できます（リスト2.13）。

リスト2.13 整数リテラルの例①

In

```
3
```

Out

```
3
```

リスト2.14のように整数オブジェクトは`int`型のオブジェクトだと確認できます。

リスト2.14 整数オブジェクトの型

In

```
type(3)
```

Out

```
int
```

数値のリテラルでは`_`で桁区切りすることで大きい桁の数値を読みやすく表記できます。リスト2.15では値が1000の整数オブジェクトを作成しています。なお、Pythonで扱える整数の最大桁数は64bit OSで$2^{63}-1=9223372036854775807$桁です。

リスト2.15 整数リテラルの例②

In

```
1_000
```

Out

```
1000
```

2.2.2 浮動小数点数

浮動小数点数オブジェクトは`float`型のオブジェクトです。浮動小数点数にはいくつか形式がありますが、Pythonの`float`はIEEE 754規格における倍精度と呼ばれる形式です。浮動小数点数オブジェクトは、普通に小数点数を書くように`.`を1つ含む数字の並びで表記できます(リスト2.16)。

リスト2.16 浮動小数点数オブジェクトの型

In

```
type(3.2)
```

Out

```
float
```

なお、整数部や小数部が`0`である場合は、その`0`を省略できます(リスト2.17)。

リスト2.17 浮動小数点数リテラルの例

In

```
.1
```

Out

```
0.1
```

また、浮動小数点数リテラルは指数表記でも書けます。この形式では数を$a \times 10^b$で表記します。aを仮数部、bを指数部と呼びます。この形式は有効桁数を明示する場合に便利です。

書式としては、仮数部と指数部の間に小文字`e`か大文字`E`を挟みます。例えば1×10^3を`1e3`と記述します(リスト2.18)。なお、指数には負の整数も指定でき、

1×10^{-3}であれば`1e-3`とします。

リスト2.18 指数表記による浮動小数点数リテラル

In

```
1e3
```

Out

```
1000.0
```

浮動小数点数には広い範囲の数を扱うことができる利点がありますが、実数を有限桁数の2進数で表現するために誤差が生じることがあります。例えば、10進数では有限桁となる0.1も2進数表現では循環小数(無限に続く小数)になり、それを特定の桁数で丸めることで誤差が生じます。当然ながら計算が進むに従ってこの丸め誤差も伝搬していくので、計算結果の有効数字には注意が必要です。

IPythonには**マジックコマンド**という拡張コマンドが用意されています。マジックコマンドには先頭に`%`が1つか2つ付いています。`%`が1つ付いているものは1行、2つ付いているものはセル(複数行)を範囲とするコマンドで、それぞれ**ラインマジック**、**セルマジック**と呼ばれます。

IPythonの`%precision`コマンドで浮動小数点数の表示桁数を設定することができます。デフォルトでは、浮動小数点数は最大で小数点以下15桁まで表示されます。丸め誤差を確認するため、リスト2.19では`%precision`コマンドを使用し、浮動小数点数の0.1を小数点以下25桁まで表示しています。すると、0.1は丸め誤差を持っていることが確認できます。何も指定せずに`%preision`コマンドを実行すれば、表示桁数がデフォルトに戻ります(リスト2.20)。

リスト2.19 `%precision`コマンドの例①

In

```
%precision 25
0.1
```

Out

```
0.1000000000000000055511151
```

リスト2.20 %precisionコマンドの例②

In

```
%precision
```

Out

```
'%r'
```

MEMO

decimalモジュール

標準ライブラリのdecimalモジュール(URL https://docs.python.org/ja/3/library/decimal.html)を利用すると、10進数形式の浮動小数点数で計算を行えます。計算速度はfloat型の2進浮動小数点数よりも遅いですが、丸め誤差が生じない利点があります。

2.2.3 複素数

Pythonでは組み込みで複素数型(`complex`)をサポートしています。複素数は$z = x + iy$で表される数です。ここで、$i = \sqrt{-1}$は虚数単位、xは実部、yは虚部です。

Pythonでは`j`と`J`を虚数単位とし、整数や浮動小数点数のリテラルに続けて虚数単位を記述します。リスト2.21では実部が1.2で虚部が3の複素数を作成しています。

リスト2.21 複素数リテラル

In

```
1.2 + 3j
```

Out

```
(1.2+3j)
```

複素数の実部は`real`属性、虚部は`imag`属性から参照できます。また、共役複素数を取得したい場合は`conjugate`メソッドを使用します(リスト2.22)。

リスト2.22 conjugateメソッドの例

In

```
x = 5.1 + 8.3j
x.conjugate()
```

Out

```
(5.1-8.3j)
```

2.2.4 算術演算子

算術演算子の話の前に、Pythonの文と式について簡単に説明します。プログラムの構成単位となる1つ1つの命令や宣言を**文**と呼びます。また、処理の結果として値を返す文を**式**と呼びます。1つの行に式が複数あった場合は、基本的に左にある式から順に評価されます。代入文は少し特殊で、右辺にある式が先に評価されます。

数値の演算には**算術演算子**を使います。演算子は各種の演算を表す記号で、算術演算を表す記号が算術演算子です。演算子の演算の対象を被演算子と呼びます。演算子には評価される優先順位があり、表2.1の上にあるものほど優先順位が高く、先に評価されます。

演算子	意味
**	べき乗（累乗）
+	符号非反転（単項演算子）
-	符号反転(単項演算子)
%	剰余
//	切り捨て除算
/	除算
*	積算
-	減算
+	加算

表2.1 算術演算子

被演算子の数値の型が異なる場合では、自動的に数値が共通の型に変換されてから演算されます。整数と浮動小数点数の演算では、整数が浮動小数点数に変換されて計算されます(リスト2.23)。また、除算においても、整数が浮動小数点数に変換されます。

リスト2.23 算術演算の例①

In

```
3 + 1.2
```

Out

```
4.2
```

算術演算子を組み合わせて長い計算式も計算できます(リスト2.24)。数学と同じで()内の式は先に計算されます。

リスト2.24 算術演算の例②

In

```
(-2 + 4 * (-5)) / 2
```

Out

```
-11.0
```

代入文では先に右辺の式が評価され、その結果がターゲットの変数に代入されます。リスト2.25では右辺の2 + 1が先に評価され、結果の3がxに代入されます。

リスト2.25 式の評価結果を代入する例①

In

```
x = 2 + 1
x
```

Out

```
3
```

代入ターゲットの変数は、右辺で参照する変数としても指定できます。リスト2.26のような式は数学では成り立ちませんが、Pythonでは=を代入の意味で使っているので、これはa + 1の値をaに代入するという命令になります。

リスト2.26 式の評価結果を代入する例②

In

```
a = 2
a = a + 1
a
```

Out

```
3
```

さらに、累算代入文という、算術演算子などと代入文を組み合わせた文を書くことができます。リスト2.26と同じようにa + 1の値をaに代入する文は+=を使ってリスト2.27のように書きます。ほかのすべての算術演算子についても、対応する累算代入文が用意されています。

リスト2.27 累算代入文の例

In

```
a = 2
a += 1
a
```

Out

```
3
```

2.3 コンテナ

本節では**コンテナ（コレクション）**と呼ばれる、オブジェクトをまとめて管理するためのデータ構造について解説します。

2.3.1 文字列

要素(オブジェクト)を順序付けて管理するコンテナを**シーケンス**と呼びます。すでに登場していた文字列オブジェクトは文字要素のシーケンスです。

文字列は リスト2.28 のように"(ダブルクォーテーション)か'(シングルクォーテーション)で囲んで定義します。また、文字列オブジェクトはstr型のオブジェクトです。

リスト2.28 文字列シーケンスの例

In

```
text = 'Python'
type(text)
```

Out

```
str
```

コンテナに含まれる要素の数はlen関数で調べられます。リスト2.29 のように'Python'は6文字です。

リスト2.29 len関数の例

In

```
len(text)
```

Out

```
6
```

リスト2.30 のように"か'のどちらか3個で文字要素を囲むと、複数行に渡る文字列を記述できます。改行の箇所には改行を表す¥nが含まれます。

リスト2.30 複数行に渡る文字列の例

In

```
"""ここで
改行"""
```

Out

```
'ここで¥n改行'
```

先程の改行記号は**エスケープシーケンス**の1つです。エスケープシーケンスは画面上への文字の出力の際、特殊な文字や機能として解釈される文字の組み合わせで、先頭に¥が付きます。

リスト2.31 では文字列にタブを表す¥tが含まれています。これをprint関数で表示すると¥tがタブと解釈されて画面上に表示されます。エスケープシーケンスを無効にして書かれたままの文字列を表示させるには、文字列の先頭にrを付けます。このような文字列を**raw文字列**と呼びます。

リスト2.31 エスケープシーケンスとraw文字列の例

In

```
print('a¥tb')
print(r'a¥tb')
```

Out

```
a       b
a¥tb
```

文字列型には多くのメソッドが用意されています。例えば リスト2.32 のようにcapitalizeメソッドを呼び出すと、先頭の文字を大文字にした文字列が返されます。

リスト2.32 capitalizeメソッドの例

In

```
text = 'python'
text.capitalize()
```

Out

```
'Python'
```

文字列のひな形にオブジェクトの値を埋め込み、文字列を作成することができます。これにはformatメソッドか、f文字列を使います。文字列リテラルの先頭にfを付けると{}内の式の値が文字列に挿入されます。リスト2.33では変数yearの値を文字列に埋め込んでいます。

リスト2.33 f文字列の例①

In

```
year = 2
f'令和 {year} 年'
```

Out

```
'令和 2 年'
```

文字列フォーマットは挿入される値の書式を柔軟に指定できることが利点です。挿入する変数の後に:に続けて書式を指定します。リスト2.34の:8.3fのようにして全体の文字数や小数点以下の桁数を指定できます。

リスト2.34 f文字列の例②

In

```
a = 3.1415

# 文字幅 8 文字、小数点以下 3 桁
f'{a:8.3f}'
```

Out

```
'   3.142'
```

2.3.2 リスト

リストも要素を順序付けて管理するシーケンスの1つです。リストは任意のオブジェクトを要素に持つことができます。リスト2.35のように要素を,(カンマ)で区切り、全体を[]で囲んで記述します。

リスト2.35 リストリテラルの例①

In

```
x = [1, 'a', 2, 'b']
type(x)
```

Out

```
list
```

リストの要素にリストを指定することもできます。リスト2.36のように大きいリストは , の後で改行して書いた方が読みやすくなります。

リスト2.36 リストリテラルの例②

In

```
[[1, 2, 3],
 [4, 5, 6],
 [7, 8, 9]]
```

Out

```
[[1, 2, 3], [4, 5, 6], [7, 8, 9]]
```

文字列やリストのようなシーケンスは + 演算子を使い、複数のシーケンスを結合させたシーケンスを作ることができます(リスト2.37)。

リスト2.37 リストの結合

In

```
[1, 2, 3] + [4, 5, 6]
```

Out

```
[1, 2, 3, 4, 5, 6]
```

2.3.3 インデキシングとスライシング

文字列やリストなどのシーケンスではインデックスを指定して要素を選択することができ、それを**インデキシング**と呼びます。インデキシングではシーケンスの後ろに [] で囲んだ整数を記述します。インデックスは先頭(左端)の要素が基準の0、その右が1、というように振られた一連の番号です。

リスト2.38ではインデキシングでリストから要素を参照しています。x[0]では先頭の要素の1が参照されます。インデキシングでは負の整数も使用でき、文字列の末尾(右端)の番号は-1とも指定できます。

リスト2.38 インデキシングの例

In

```
x = [1, 'a', 20, [3, 'b']]

print(x[0])
print(x[-1])
```

Out

```
1
[3, 'b']
```

スライシングはインデックスの範囲指定によって要素を選択する操作です。範囲は[開始インデックス:終了インデックス]という形式で指定します。リスト2.39のように[2:5]と指定すると、インデックスが2以上5未満の範囲で要素が切り出されます。

リスト2.39 スライシングの例①

In

```
text = 'abcdefg'
text[2:5]
```

Out

```
'cde'
```

開始インデックスを省略した場合は先頭から、終了インデックスを省略した場合は末尾までが範囲になります。リスト2.40のように[:3]では先頭から3未満の範囲が選択されます。先頭から末尾までの全範囲は[:]で参照します。

リスト2.40 スライシングの例②

In

```
print(text[:3])
print(text[:])
```

Out

```
abc
abcdefg
```

また、スライシングでは[開始インデックス:終了インデックス:増分値]という形式により指定範囲から任意の間隔で要素を選択できます。増分値のデフォルトは1で、リスト2.41のように増分値を2とすれば1つおきに要素が選択されます。なお、増分値にも負の値を指定できます。

リスト2.41 スライシングの例③

In

```
print(text[::2])        # 全範囲から1つおきに取り出す
print(text[1:5:2])      # 1 以上 5 未満の範囲から1つおきに取り出す
print(text[::-1])       # 全要素を末尾から順に取り出す
```

Out

```
aceg
bd
gfedcba
```

2.3.4 変更可能オブジェクト

オブジェクトには変更可能(ミュータブル)、変更不能(イミュータブル)という性質があります。変更可能オブジェクトは作成された後からでも値を変更できます。ここまでに登場した型の中ではリストが変更可能で、数値や文字列は変更不能です。

変更可能なシーケンスは要素を追加・変更・削除することができます。要素の変更にはリスト2.42のようにインデキシングやスライシングと代入文を使います。

リスト2.42 リストの要素を変更

In

```
numbers = [1, 2, 3, 4]
numbers[0] = 5
numbers
```

Out

```
[5, 2, 3, 4]
```

要素を追加するにはappendメソッドなどを使います(リスト2.43)。

リスト2.43 appendメソッドの例

In

```
numbers.append(6)
numbers
```

Out

```
[5, 2, 3, 4, 6]
```

要素を削除するにはdel文を使用します。リスト2.44ではリストから先頭の2つの要素を削除しています。

リスト2.44 リストの要素を削除

In

```
del numbers[:2]
numbers
```

Out

```
[3, 4, 6]
```

リストなどの変更可能オブジェクトには注意すべきことがあります。1つの変更可能オブジェクトに対して複数の参照があった場合、そのどこからでも値を変更できてしまいます。

リスト2.45では変数aのリストを変数bにも代入しています。変数bからリストを変更すると、変数aのリストも要素が変更されたことが確認できます。2つのリストの識別値が同じであることからも、2つの変数は同じリストを参照していることがわかります。

リスト2.45 リストを参照する際の注意

In

```
a = [1, 2, 3]
b = a
b[0] = 10

print(a, id(a))
print(b, id(b))
```

Out

```
[10, 2, 3] 2130379121352
[10, 2, 3] 2130379121352
```

同じ値を持つ、別物の変更可能オブジェクトを作成したい場合は、配列のcopyメソッドか[:]のスライシングを使ってオブジェクトをコピーします。リスト2.46ではリストのコピーを変数bに代入しています。2つのリストは別物なので、一方のリストに変更を加えても他方のリストに影響はありません。

リスト2.46 リストのコピー

In

```
a = [1, 2, 3]
b = a.copy()
a[0] = 10

print(a, id(a))
print(b, id(b))
```

Out

```
[10, 2, 3] 2130378380488
[1, 2, 3] 2130378380168
```

2.3.5 タプル

タプルはリストに似たシーケンスですが、変更不能オブジェクトである点が異なります。タプルにはリストよりもメモリ使用量が小さいという利点があります。また、タプルも任意のオブジェクトを要素に持つことができるので、ネスト構造にもできます。タプルはリスト2.47のように要素を , で区切り、全体を ( ) で囲んで記述します。

リスト2.47 タプルリテラルの例①

In

```
RGB = ('Red', 'Green', 'Blue')
type(RGB)
```

Out

```
tuple
```

呼び出し操作の ( ) の中や、コンテナのリテラルの中などでなければ ( ) は省略できます(リスト2.48)。なお、要素が1つの場合は末尾に , が必要なので注意してください。

リスト2.48 タプルリテラルの例②

In

```
a = 1, 2
a
```

Out

```
(1, 2)
```

タプルを使えば複数の変数の代入をまとめて記述できます。リスト2.49の1行目の代入文では ( ) を省略したタプルリテラルを使っています。タプルのアンパックという機能により、左辺のそれぞれの変数に要素が代入されます。

また、タプルのアンパックを使い、変数の値の入れ替えを簡潔に書くことができます。リスト2.49の4行目の代入文では左辺のそれぞれの変数に要素が代入され、結果的に変数の値が入れ替わります。

リスト2.49 タプルのアンパックの例

In

```
a, b = 1, 2
print(a, b)

a, b = b, a
print(a, b)
```

Out

```
1 2
2 1
```

2.3.6 辞書

辞書(マッピング)は個々の要素に識別用の値を設定できるコンテナです。識別用の値をキーと呼びます。辞書はシーケンスではないのでインデキシング等による要素の選択はできません。辞書はリスト2.50のようにキー:値のペアを,で区切って並べ、全体を{}で囲んで記述します。

リスト2.50 辞書の例

In

```
prefecture = {'東京都': 13_636_222, '沖縄県': 1_439_913}
type(prefecture)
```

Out

```
dict
```

辞書では辞書[キー]の添字表記で要素を参照できます。辞書に指定したキーが存在しない場合はエラーとなります。

また、辞書は変更可能オブジェクトなので、キーで要素を参照して値を書き換えられます。指定したキーが辞書に存在しなければ、新しい要素として辞書に追加されます(リスト2.51)。

リスト2.51 辞書に要素を追加

In

```
prefecture['神奈川県'] = 9_126_214
```

リスト2.52のように辞書の要素もdel文で削除できます。

リスト2.52 辞書の要素を削除

In

```
del prefecture['沖縄県']
prefecture
```

Out

```
{'東京都': 13636222, '神奈川県': 9126214}
```

2.4 比較演算子、論理演算子

本節ではPythonの比較演算子と論理演算子について解説します。

2.4.1 ブール値

まずはPythonにおけるブール値の扱いについて説明します。Pythonのbool型はブール値や真偽値などと呼ばれる真と偽の2種類の値だけを扱う組み込み型です。キーワードのTrueとFalseの2つだけがbool型のオブジェクトです（リスト2.53）。

リスト2.53 ブール値オブジェクトの型

In

```
type(True)
```

Out

```
bool
```

2.4.2 比較演算子

比較演算子は2つのオブジェクトの関係を調べるためのものです。比較演算子は表2.2のように2つのオブジェクトの関係を判定する演算子で、条件が成立すればTrueを返し、成立しなければFalseを返します。

演算子	意味
x == y	xとyが等しい
x != y	xとyが等しくない
x < y	xがyより小さい
x <= y	xがy以下
x > y	xがyより大きい
x >= y	xがy以上
x is y	xとyは同じオブジェクト
x is not y	xとyは同じオブジェクトではない
x in y	yにxが含まれる
x not in y	yにxが含まれない

表2.2 比較演算子

算術演算子と同様に、複数の比較演算子を組み合わせた式も記述できます(リスト2.54)。また、基本的に異なる型のオブジェクトの比較はできませんが、整数型と浮動小数点数型は比較できます。

リスト2.54 比較演算子の例

In

```
0 <= 1.2 < 3
```

Out

```
True
```

2.4.3 論理演算子

論理演算子はブール値の演算のための演算子です。論理積を表すand演算子は被演算子がすべてTrueである場合に、論理和を表すor演算子は被演算子が1つでもTrueである場合にTrueを返します。また、否定を表すnot演算子はブール値を反転して返します。

リスト2.55は先に比較演算が実行され、被演算子が両方TrueとなるのでTrueが返されています。論理演算子は比較演算子より優先順位が低いので、比較演算に()を書く必要はありません。なお、この例はand演算子を使わずにまとめて書くこともできます。

リスト2.55 論理演算子の例 ①

In

```
a = 5


# 1 < a < 6 でも可
1 < a and a < 6
```

Out

```
True
```

論理演算子を組み合わせて**否定論理積**、**否定論理和**などの**論理演算**も可能です。リスト2.56はTrue and TrueとなるのでTrueが返されます。

リスト2.56 論理演算子の例②

In

```
a < 6 and not a == 4
```

Out

```
True
```

2.5 制御フロー文

本節では制御フロー文という、実行される文の順序を制御する文について解説します。

2.5.1 if文

条件によって実行する処理を分岐させる場合にはif文を使用します。プログラムの処理が条件分岐に到達すると、条件の判定結果が真か偽かによって、次に実行される処理が変わります。

リスト2.57がif文を使った例です。まずキーワードのifから:の間の式が評価されます。その式の評価結果が真の場合にif文に続くブロックの処理が実行されます。ブロックはインデント(字下げ)された文の集まりのことで、Pythonではインデントでブロックの範囲を示します。この例ではif文の式がTrueとなるので、次の行が実行されてOKと表示されます。

Pythonのコミュニティで推奨されているスタイルガイドが、PEP8(URL https://pep8-ja.readthedocs.io/ja/latest/)としてまとめられています。このPEP8ではインデントに半角スペース4個を使うことが推奨されています。Jupyter Notebookは:の入力の後に改行すると自動で半角スペース4個を挿入してくれます。

リスト2.57 if文の例 ①

In

```
if 18.5 <= 22 < 25:
    print('OK')
```

Out

```
OK
```

より複雑な条件分岐を書きたい場合はelifやelseを使います。if文の式が偽のときにelif文の式が評価されます。elif文が複数ある場合は、上にある方から順に評価されていき、最初に真になったelif文のブロックが実行されます。elseのブロックはifやelifの条件式がすべて偽の場合に実行されます。

リスト2.58はbmiを計算し、それが18.5未満なら低体重と表示し、25以上なら肥満と表示します。そのどちらの条件も満たさなければ普通体重と表示されます。この例ではbmiが25を超えるのでelifのブロックが実行されます。

リスト2.58 if文の例②

In

```
height = 1.78
weight = 80
bmi = weight / height**2
print('bmi:', bmi)

if bmi < 18.5:
    print('低体重')
elif 25 <= bmi:
    print('肥満')
else:
    print('普通体重')
```

Out

```
bmi: 25.24933720489837
肥満
```

2.5.2 while文

反復処理に用いられるwhile文は、条件式が偽になるまでブロックの処理を繰り返します。書式はif文と同様で、条件式の後の:やブロックのインデントが必要です。

リスト2.59では、まず変数iに0が代入されます。次にwhile文の式でiの値が1以下であるかが判定されます。最初はTrueとなり、ブロックの処理が実行されます。ブロックの中ではiの値を表示した後に、値に1を加えて更新しています。再びwhile文の式が評価され、またTrueとなるのでブロックの処理が実行されます。iの値が2に更新されると今度は条件式がFalseになり、ブロックは実行されません。

リスト2.59 while 文の例

In

```
i = 0
while i <= 1:
    print(i)
    i += 1
```

Out

```
0
1
```

2.5.3 for文

リストのように複数の要素を持つオブジェクトに対して、その各要素に処理を行いたい場合にfor文を使います。リスト2.60のようにinの後にリストなどのデータ群を指定します。

for文は指定された一時的な変数に要素を順次代入し、処理のブロックを実行します。この例ではnumbersの要素が順にnumberに代入され、ブロックのprint関数で値が表示されます。

リスト2.60 for 文の例

In

```
numbers = [1, 2, 3]
for number in numbers:
    print(number)
```

Out

```
1
2
3
```

for文ではrangeオブジェクトをよく使います(リスト2.61)。rangeは整数の等差数列を表し、引数に(start, end, step)を指定します。endだけは必須引数で、指定がなければstartとstepは0と1になります。rangeオブジェクトは必要になったときに整数を生成するので、リストに整数を格納しておくよりもメモリ使用量を抑えることができます。

リスト2.61 for文でのrangeオブジェクトの使用例

In

```
for i in range(3):
    print(i)
```

Out

```
0
1
2
```

反復処理で要素のインデックスを使いたい場合があります。リスト2.62のようにenumerate関数を使うと、整数型のインデックスと要素を得ることができます。ここでは変数iにインデックス、変数xに要素が代入されています。

リスト2.62 enumerate関数の例

In

```
words = ['a', 'b', 'c']
for i, x in enumerate(words):
    print(i, x)
```

Out

```
0 a
1 b
2 c
```

ここで、リスト内包表記というリストを作成するための記法を紹介します。リスト2.63ではfor文を使って整数の二乗を要素とするリストを作成しています。これと同じリストをリスト2.64のようにリスト内包表記で作ることができます。

リスト2.63 for文によるリストの作成

In

```
data = []
for i in range(5):
```

```
    data.append(i**2)

data
```

Out

```
[0, 1, 4, 9, 16]
```

リスト2.64 リスト内包表記の例

In

```
[i**2 for i in range(5)]
```

Out

```
[0, 1, 4, 9, 16]
```

2.6 関数定義

関数は定められた処理を実行して結果を返すもので、ユーザーが独自の関数を定義することもできます。本節では関数の定義方法について解説します。

2.6.1 関数定義の基本

関数はdef文を使って定義します。defキーワードの後に関数名、それに続けて()の中に引数を書きます。引数が複数ある場合は,で区切って記述します。引数が不要な関数を定義する場合は()の中に何も書かないでおきます。関数の処理ブロックでは、引数を普通の変数と同じように使うことができます。

リスト2.65の関数は簡単な三角形の面積を計算する関数です。底辺の長さbaseと高さheightを引数としています。処理ブロックではbaseとheightの値を出力し、計算した三角形の面積を返すようにしています。return文で呼び出し元に返す値を設定します。返り値を設定しない場合はreturn文は不要です。

リスト2.65 関数定義の例

In

```
def calc_triangle_area(base, height):
    print(f'底辺の長さ: {base}, 高さ: {height}')
    return base * height / 2

res = calc_triangle_area(5, 4)
print(res)
```

Out

```
底辺の長さ: 5, 高さ: 4
10.0
```

関数を呼び出すときに関数に渡す値を実引数、関数内で値を受け取る変数のことを仮引数と呼んで区別します。リスト2.65で見たように、関数に渡した実引数が順番通りに対応する位置の仮引数に代入されます。このように対応する位置の仮引数に渡される値を**位置引数**と呼びます。

また、仮引数を明示して値を渡すこともでき、この仮引数名を指定して渡される値を**キーワード引数**と呼びます。リスト2.66では仮引数名を指定して関数に値を渡しています。なお、位置引数とキーワード引数を並べる場合は先に位置引数を記述します。

リスト2.66 キーワード引数の例

In

```
calc_triangle_area(height=4, base=5)
```

Out

```
底辺の長さ: 5, 高さ: 4
10.0
```

仮引数には値が指定されなかった場合に使用されるデフォルト値を設定できます。リスト2.67では関数の仮引数の`base`と`height`にデフォルト値を設定しています。引数を指定せず関数を呼び出すと、デフォルト値が使われていることが確認できます。

リスト2.67 引数のデフォルト値の設定例

In

```
def calc_triangle_area(base=2, height=3):
    print(f'底辺の長さ: {base}, 高さ: {height}')
    return base * height / 2

res = calc_triangle_area()
print(res)
```

Out

```
底辺の長さ: 2, 高さ: 3
3.0
```

2.6.2 ドキュメンテーション文字列

関数定義のブロックの先頭に記述された文字列は、関数を説明するドキュメントになります。この文字列は**ドキュメンテーション文字列**や**docstring**と呼ばれます。後々自分でもその関数が何であるか忘れてしまうことがあるので、関数にはドキュメンテーション文字列を入れるようにしましょう。リスト2.68のように、ドキュメンテーション文字列は"""で書くことが推奨されています。

Pythonでは`help`関数を用いてオブジェクトの持つドキュメンテーション文字列を表示させることができます。関数やメソッドの使い方が知りたくなったときには`help`関数を使いましょう。また、Jupyter Notebookでは`myfun?`のように?を付けて実行すると、ドキュメンテーション文字列が表示されます。

リスト2.68 ドキュメンテーション文字列の例

In

```
def myfun(x, y):
    """関数の概要

    関数の呼び出し規則や注意点など

    Args:
        x (int): 補足説明
        y (int): 補足説明

    Returns:
        int: 補足説明
    """
    return x * y

help(myfun)
```

Out

```
Help on function myfun in module __main__:

myfun(x, y)
    関数の概要
```

```
    関数の呼び出し規則や注意点など

    Args:
        x (int): 補足説明
        y (int): 補足説明

    Returns:
        int: 補足説明
```

2.6.3 デコレータ

デコレータは関数を引数として受け取り、他の関数を返す関数です。デコレータは関数の機能を分割し、コードの見通しをよくしたい場合に役立ちます。デコレータを自分で定義することはあまりなくとも、デコレータを使う機会は多々あるので概要を掴んでおきましょう。

リスト2.69で定義しているmyfun関数は1stと表示するだけの関数です。デコレータであるdeco関数は、引数に関数を受け取り、ブロックで定義するwrapperという関数を返します。このwrapper関数はdeco関数に渡された関数を呼び出し、その後に2ndという文字を表示します。

リスト2.69 関数の定義

In

```
def deco(func):
    def wrapper():
        func()
        print('2nd')
    return wrapper

def myfun():
    print('1st')
```

リスト2.70のようにdeco関数に定義したmyfun関数を渡し、返ってくる関数でmyfunを更新します。このmyfun関数を呼び出すとwrapper関数に定義した処理が実行され、文字列が2つ表示されます。

リスト2.70 デコレータの使用例 ①

In

```
myfun = deco(myfun)
myfun()
```

Out

```
1st
2nd
```

Pythonには**デコレータを適用するための記法**も用意されています。リスト2.71のようにdef文の直前に@を付けてデコレータを指定すると、そのデコレータが適用された関数が作成されます。

リスト2.71 デコレータの使用例 ②

In

```
@deco
def myfun():
    print('1st')

myfun()
```

Out

```
1st
2nd
```

2.6.4 lambda式

関数を定義するにはlambda式を使う方法もあります。lambda式で作った関数オブジェクトは名前を付けなくとも利用できるので、**無名関数**とも呼ばれます。lambdaの後に仮引数を指定し、続く:の後に関数の処理となる式を書きます。式の評価結果が関数の返り値となります。

リスト2.72では変数wordsのリストを文字数の少ない順に並べ替えています。リストのsortメソッドはリストの要素を並べ替えて更新します。key引数には並べ替えに使うキーを求めるための関数を指定します。lambda式を使うことでdef文を書かずにコードが短くまとまっています。

リスト2.72 lambda式の使用例

In

```
words = ['Python', 'C', 'JAVA']
words.sort(key=lambda x: len(x))
print(words)
```

Out

```
['C', 'JAVA', 'Python']
```

CHAPTER 3

NumPyによる配列計算

本章ではNumPyが提供する多次元配列オブジェクトと、その基本的な使用方法について解説します。

3.1 NumPyの準備

本節ではNumPyの概要と、利用するための方法を解説します。

3.1.1 NumPyとは

NumPyはPythonにおける科学技術計算の基盤となるパッケージです。NumPyの提供する多次元配列オブジェクト(ndarray)を用いることで、大規模なデータの数値計算を高速に行うことができます。また、NumPyにはndarrayに対する基本演算機能や標準的な数学関数のほか、線形代数や高速フーリエ変換などに関連する様々な関数が用意されています。

3.1.2 NumPyのインポート

最初に リスト3.1 を実行してNumPyをインポートします。NumPyは慣例的にnpという名前でインポートされます。

リスト3.1 NumPyのインポート

In

```
import numpy as np
```

3.2 配列の作成

本節ではNumPyの配列を作成する関数について解説します。

3.2.1 array関数

リストなどのシーケンス型をnp.array関数に渡すとndarray型のオブジェクトが作られます(リスト3.2)。NumPyに関する文脈ではこのndarrayを配列と呼びます。

配列には様々な属性があります。例えば、配列の次元をndim属性から確認できます。リスト3.2では1次元配列なのでndim属性は1です。

また、配列の形状(各軸方向の大きさ)はshape属性から参照できます。1次元配列では配列の形状は要素が1つのタプルで返され、リスト3.2では(4,)となります。

リスト3.2 1次元配列の作成

In

```
import numpy as np

x = np.array([1, 2, 3, 4])

print(type(x))
print(x.ndim)
print(x.shape)
```

out

```
<class 'numpy.ndarray'>
1
(4,)
```

2次元以上の配列をarray関数で作成する方法は2つあります。1つはリスト3.3のようにキーワード引数ndminを指定することです。2次元配列ではshape属性で配列の形状を確認すると、軸が2つなので要素が2つのタプルが返されます。この配列の形状は(1, 4)と確認できます。

リスト3.3 2次元配列の作成①

In

```
x = np.array([1, 2, 3, 4], ndmin=2)

print(x)
print(x.shape)
```

out

```
[[1 2 3 4]]
(1, 4)
```

もう1つの方法としては、ネスト構造のリストをarray関数に渡すことで2次元以上の配列を作成できます。リスト3.4で作成した配列の形状は(3, 1)となります。

リスト3.4 2次元配列の作成②

In

```
y = np.array([[1],
              [2],
              [3]])

print(y)
print(y.shape)
```

out

```
[[1]
 [2]
 [3]]
(3, 1)
```

NumPyではここまでに紹介した方法により、ベクトルを1次元配列と2次元配列のどちらでも表せます。しかし、1次元配列でベクトルを表すと行ベクトルと列ベクトルを区別できないので、配列の演算において注意が必要になります。

3.2.2 配列のデータ型

配列の要素は基本的にすべて同じ型であり、数値計算用途では整数型、浮動小数点数型、複素数型のような数値型とすることが多いです。リスト3.5のようにデータに1つでも浮動小数点数型がある場合、配列の全要素は浮動小数点数型になります。

リスト3.5 配列の作成

In

```
data = [1.0, 2, 3, 4]

x = np.array(data)
x
```

out

```
array([1., 2., 3., 4.])
```

リスト3.6のように配列のデータ型はdtype属性で参照できます。データ型の名前に含まれる64などの数は、メモリ上で1つの要素を表すのに必要なビット数を示しています。

リスト3.6 dtype属性の例

In

```
x.dtype
```

out

```
dtype('float64')
```

リスト3.7を実行すると、NumPyで利用できるデータ型のクラスの一覧が表示されます。このほかにnp.intなどがあり、これはシステムの環境によってnp.int32やnp.int64のデータ型として扱われます。

リスト3.7 データ型のクラスの一覧

In

```
np.sctypes
```

out

```
{'int': [numpy.int8, numpy.int16, numpy.int32, numpy.➡
int64],
 'uint': [numpy.uint8, numpy.uint16, numpy.uint32, numpy.➡
uint64],
 'float': [numpy.float16, numpy.float32, numpy.float64],
 'complex': [numpy.complex64, numpy.complex128],
 'others': [bool, object, bytes, str, numpy.void]}
```

配列を作成する関数にはdtype引数があり、リスト3.8のようにデータ型を指定します。

リスト3.8 データ型の指定の例

In

```
y = np.array(data, dtype=np.int)

print(y)
print(y.dtype)
```

out

```
[1 2 3 4]
int32
```

一度作成した配列のデータ型は変更できません。データ型の異なる配列を作成するにはastypeメソッドを使用します。またはarray関数やデータ型のクラスを使って配列を作成します。リスト3.9ではastypeメソッドを使ってデータ型がcomplex128の配列を作成しています。

リスト3.9 astypeメソッドの例

In

```
# np.array(y, dtype=np.complex) でも可
```

```
# np.complex128(y) でも可
y.astype(np.complex)
```

out

```
array([1.+0.j, 2.+0.j, 3.+0.j, 4.+0.j])
```

3.2.3 値が0と1の配列

NumPyには、特定の規則に従って配列を作成する関数がたくさん用意されています。その中でまずは、要素が0と1の配列を作成する関数について説明します。

要素がすべて0の配列はzeros関数、要素がすべて1の配列はones関数で作成します。どちらの関数も引数に与えられた形状で配列を作成します。1次元配列では整数、多次元配列では要素が整数のシーケンス型で配列の形状を指定します。リスト3.10では(2, 3)の形状で要素が1の配列を作成しています。

リスト3.10 ones関数の例

In

```
np.ones((2, 3))
```

out

```
array([[1., 1., 1.],
       [1., 1., 1.]])
```

要素が1の配列に数値をかければ、その数値で埋まった配列を作ることができます。また、一定値の配列を作成するfull関数が用意されています(リスト3.11)。この関数の引数には配列の形状と要素の値を指定します。

リスト3.11 full関数の例

In

```
np.full((2, 3), -1)
```

out

```
array([[-1, -1, -1],
       [-1, -1, -1]])
```

NumPyには単に任意形状の配列を作成するための関数としてempty関数が実装されています（リスト3.12）。この関数は配列作成時に確保したメモリブロックに格納されている値をそのまま配列の要素とするため、配列作成にかかる時間が短い特徴があります。しかし、初期化されないために配列の値が不定であることに注意してください。

リスト3.12 empty関数の例

In

```
x = np.empty((4, 3))
x
```

out

```
array([[1.07445604e-311, 2.81617418e-322, 0.00000000e+ ➡
000],
       [0.00000000e+000, 1.13073288e+277, 2.92966904e- ➡
033],
       [5.58050853e-091, 1.20009340e-071, 5.45167218e- ➡
067],
       [9.15186801e-071, 6.48224660e+170, 4.93432906e+ ➡
257]])
```

配列には全要素を指定の値に変更するfillメソッドがあり、それを使うことでも一定値の配列を作成できます。また、ある配列と同じ形状で配列を作りたい場合はzeros_likeやfull_likeといった関数を使います。リスト3.13では リスト3.12の配列と同じ形状で要素が0の配列を作成しています。

リスト3.13 zeros_like関数の例

In

```
np.zeros_like(x)
```

out

```
array([[0., 0., 0.],
       [0., 0., 0.],
       [0., 0., 0.],
       [0., 0., 0.]])
```

3.2.4 単位行列、対角行列、三角行列を表す配列

単位行列などの数学で頻出する行列を表す配列は簡単に作成できます。単位行列とは対角成分が1の正方行列です。単位行列を表す配列はidentity関数やeye関数で作成できます(リスト3.14)。関数の引数には行列の次数を指定します。eye関数の方が高機能で、配列の形状や、1が並ぶ対角成分の位置も設定できます。

リスト3.14 identity関数の例

In

```
np.identity(3)
```

out

```
array([[1., 0., 0.],
       [0., 1., 0.],
       [0., 0., 1.]])
```

一般的な対角行列はdiag関数やdiagflat関数で作成します(リスト3.15)。引数には対角成分をまとめたリストや配列などを指定し、対角成分を並べる位置をk引数で調整します。diagflat関数は引数にネスト構造のリストを受け取ることができます。

リスト3.15 diag関数の例

In

```
np.diag([1, 2, 4], k=-1)
```

out

```
array([[0, 0, 0, 0],
       [1, 0, 0, 0],
       [0, 2, 0, 0],
       [0, 0, 4, 0]])
```

要素が1の下三角行列を表す配列をtri関数によって作成できます(リスト3.16)。

リスト3.16 tri関数の例

In

```
np.tri(3)
```

out

```
array([[1., 0., 0.],
       [1., 1., 0.],
       [1., 1., 1.]])
```

既存の配列を元にして三角行列を作成するのがtril関数とtriu関数です。tril関数は指定配列の対角線より上の要素を0にした配列を返します（リスト3.17）。逆にtriu関数は対角線より下の要素を0にした配列を返します。

リスト3.17 tril関数の例

In

```
x = np.array([[2, -3],
              [3, 4]])

np.tril(x)
```

out

```
array([[2, 0],
       [3, 4]])
```

3.2.5 値が等間隔で変化する配列

値が等間隔で変化する配列をarange関数やlinspace関数で作成できます。arange関数には(start, stop, step)という形式で引数を与えます。配列の要素はstart（デフォルトは0）以上stop未満の区間で生成されます。stepが値の増分で、デフォルトの値は1です。リスト3.18では$1 \leq x < 6$の区間において間隔を2として配列を作成しています。

リスト3.18 arange関数の例

In

```
np.arange(1, 6, 2)
```

out

```
array([1, 3, 5])
```

値の間隔が小数点数の配列を作る場合はlinspace関数を使いましょう。引数は(start, stop, num)の形式で与えます。numには配列の要素数を指定します。デフォルトではstopの値を含むように配列が作成されますが、引数にendpoint=Faleを指定すればstopの値は含まれません(リスト3.19)。

リスト3.19 linspace関数

In

```
np.linspace(0, 1, 5, endpoint=False)
```

out

```
array([0. , 0.2, 0.4, 0.6, 0.8])
```

対数的に等間隔な値の要素を持つ配列を作成するにはlogspace関数を使用します(リスト3.20)。この関数はlinspaceと同様の引数を受け取ります。対数の底はbase引数で指定でき、デフォルトでは10です(常用対数)。底がネイピア数eの自然対数であればnp.eと指定します。

リスト3.20 logspace関数の例

In

```
np.logspace(0, 3, 4, base=np.e)
```

out

```
array([ 1.        ,  2.71828183,  7.3890561 , ➡
20.08553692])
```

3.3 要素の参照

本節では配列の要素を参照する方法を解説します。

3.3.1 インデキシングとスライシング

1次元配列はシーケンス型と同じ書式のインデキシングとスライシングで要素を参照できます。リスト3.21は先頭から4番目の要素までを参照しています。

リスト3.21 スライシングで要素を参照

In

```
import numpy as np

x = np.arange(10)

x[:4]
```

out

```
array([0, 1, 2, 3])
```

多次元配列の要素を参照する場合は、各次元についてのインデックスやスライスを`,`で区切って記述します。リスト3.22では第2行、第3列の要素である6を参照しています。

リスト3.22 2次元配列から要素を参照

In

```
x = np.array([[1, 2, 3],
              [4, 5, 6],
              [7, 8, 9]])

x[1, 2]
```

out

```
6
```

スライシングでは特定の行や列を参照できます。参照した配列が1行か1列である場合、結果は1次元配列で返されることに注意してください(リスト3.23)。

リスト3.23 2次元配列に対するスライシング

In

```
x[:, 2]
```

out

```
array([3, 6, 9])
```

3.3.2 ビューとコピー

配列の中身をコピーしたい場合や、インデキシング、スライシングを行う際に意識するべきことがあります。リスト3.24ではスライシングでxの配列の一部を参照し、変数yに代入しています。yの配列の要素をすべて0に置き換えてみると、その変更がxの配列にも反映されていることがわかります。NumPyではこのように元の配列とメモリを共有する配列を**ビュー**と呼びます。ビューにはメモリの使用量を抑えられるメリットがありますが、値を更新するときには影響をよく考える必要があります。

リスト3.24 ビューの確認

In

```
x = np.array([1, 2, 3, 4, 5])
y = x[:3]

y[:] = 0

print(y)
print(x)
```

out

```
[0 0 0]
[0 0 0 4 5]
```

配列のcopyメソッドを呼び出すと、新たにメモリが確保されて値が同じ配列が作られます。この配列はコピーといい、ほかにはarray関数の引数にcopy=Trueと指定して作成することができます。リスト3.25のようにコピーを作成し、要素を更新してみましょう。今度は元の配列に影響がないことがわかります。

リスト3.25 コピーの確認

In

```
x = np.array([1, 2, 3, 4, 5])
y = x[:3].copy()

y[:] = 0

print(y)
print(x)
```

out

```
[0 0 0]
[1 2 3 4 5]
```

3.3.3 整数配列によるインデキシング

基本的なインデキシングのほかに、ファンシーインデキシングなどと呼ばれるものがあります。その1つが整数配列によるインデキシングです。これは整数要素のリストや配列をインデックスに使う参照方法です。

リスト3.26では1次元配列のxと2次元配列のyに対して整数配列によるインデキシングを行っています。2次元配列のyに対して2つの整数のリストを指定しており、これらは参照する要素の行と列のインデックスをまとめたものです。なお、ファンシーインデキシングは配列のコピーを作成します。

リスト3.26 整数配列によるインデキシングの例

In

```
x = np.array([-1, 2, -3, 4])
y = np.array([[1, 2, 3],
              [4, 5, 6]])

# x から 1 と 3 の位置の要素を取り出す
print(x[[1, 3]])

# y から (0, 0), (1, 2) の位置の要素を取り出す
print(y[[0, 1], [0, 2]])
```

out

```
[2 4]
[1 6]
```

3.3.4 ブール配列によるインデキシング

もう1つのファンシーインデキシングがブール値の配列によるインデキシングで、配列から条件に合う要素だけを抽出したい場合に使用します。これには要素がブール値の配列やリストを使います。要素がTrueである位置の要素からなる配列が作成されます。リスト3.27のように比較演算子を使うと、配列の各要素と値を比較したブール値の配列を作成できます。この例ではブール値の配列を指定してインデキシングを行い、値が4より大きい要素を抽出しています。

リスト3.27 ブール配列によるインデキシングの例

In

```
x = np.array([1, 3, 5, 7])

print(x > 4)
print(x[x > 4])
```

out

```
[False False  True  True]
[5 7]
```

3.4 配列の形状や大きさの変更

本節では配列の形状を変更して配列を再形成したり、2つの配列を結合して配列を作成する方法を解説します。

3.4.1 形状の変更

配列の形状を変更したい場合はnp.reshape関数か、配列のreshapeメソッドを使用します。これらが作成する配列はビューです。新しく作る配列の形状を引数に指定します。リスト3.28ではxの2次元配列を元に、大きさが4の1次元配列を作成しています。

リスト3.28 reshape関数の例

In

```
import numpy as np

x = np.array([[1, 2],
              [3, 4]])

y = x.reshape(4)
y
```

out

```
array([1, 2, 3, 4])
```

配列の次元を拡張したい場合はreshapeメソッドを使う以外にも方法があります。リスト3.29の[:, np.newaxis]のように、次元を追加したい位置にnp.newaxisを記述してスライシングを行います。yの配列の形状は(4,)なので、作られる配列の形状は(4, 1)になります。また、これと同じことがnp.expand_dims関数によっても行えます。これらはreshapeメソッドと違って元の配列の形状を知らなくても使えることが利点です。

リスト3.29 np.newaxisを用いた次元の拡張

In

```
# np.expand_dims(y, axis=1) でも可
y[:, np.newaxis]
```

out

```
array([[1],
       [2],
       [3],
       [4]])
```

3.4.2 配列の結合

NumPyには配列を結合するための様々な関数が用意されています。それらの中ではvstack関数とhstack関数が便利です。配列を垂直方向に結合する場合はvstack関数を使用します(リスト3.30)。引数には結合させる配列を要素にしたシーケンスを指定します。一方のhstack関数は配列を水平方向に結合します。hstack関数で1次元配列同士を結合させると1次元配列で結果が返されます。

リスト3.30 vstack関数の例

In

```
x = np.arange(4)

np.vstack((x, x, x))
```

out

```
array([[0, 1, 2, 3],
       [0, 1, 2, 3],
       [0, 1, 2, 3]])
```

vstack関数とhstack関数のほかには、これらの関数を一般化したようなstack関数やconcatenate関数があります。これらは何番目の軸方向に結合するかをaxis引数で指定します。1次元配列の水平方向への結合は、1次元配列を縦ベクトルとして結合するのでhstack関数とは結果が異なります(リスト3.31)。concatenate関数も配列を結合する汎用的な関数ですが、入力

配列と出力配列の次元が同じである必要があります。1次元配列を結合して2次元配列を作ることはできません。

リスト3.31 stack関数の例

In

```
np.stack((x, x, x), axis=1)
```

out

```
array([[0, 0, 0],
       [1, 1, 1],
       [2, 2, 2],
       [3, 3, 3]])
```

垂直方向と水平方向の結合を繰り返す場合にはblock関数を使いましょう。この関数は数学のブロック行列のように複数の配列を結合します(リスト3.32)。block関数はvstack関数とhstack関数の代わりとしても使えます。

リスト3.32 block関数の例

In

```
A = np.eye(2)
B = np.zeros((2, 3))
C = np.ones((3, 2))
D = np.eye(3) * 2

np.block([[A, B],
          [C, D]])
```

out

```
array([[1., 0., 0., 0., 0.],
       [0., 1., 0., 0., 0.],
       [1., 1., 2., 0., 0.],
       [1., 1., 0., 2., 0.],
       [1., 1., 0., 0., 2.]])
```

 3.4.3 繰り返しパターンの配列

リスト3.33のようにtile関数は指定の配列をブロックとし、それを指定回数繰り返し並べた配列を作成します。第1引数には元になる配列、第2引数には整数型かシーケンス型で各次元への繰り返し回数を指定します。

リスト3.33 tile関数の例

In

```
x = np.arange(6).reshape(2, 3)

np.tile(x, (2, 1))
```

out

```
array([[0, 1, 2],
       [3, 4, 5],
       [0, 1, 2],
       [3, 4, 5]])
```

配列の要素ごとに繰り返した配列を作成するにはrepeat関数を使います。tile関数と同様に第1引数には元になる配列、第2引数には繰り返し回数を指定します。デフォルトでは配列の要素を指定回数繰り返した1次元配列が作成されます。axis引数を指定すれば、指定の軸方向に各要素を繰り返すことができます（リスト3.34）。

リスト3.34 repeat関数の例

In

```
np.repeat(x, 3, axis=1)
```

out

```
array([[0, 0, 0, 1, 1, 1, 2, 2, 2],
       [3, 3, 3, 4, 4, 4, 5, 5, 5]])
```

3.4.4　軸の並べ替え

配列の軸を並べ替え、行と列が反転した配列などを作ることができます。配列の軸の順序を反転する操作のことを転置と呼びます。2次元配列を転置すると、単純に行と列が反転した配列になります。transpose関数を使うか、配列のT属性を参照することで転置された配列を取得できます（リスト3.35）。この転置された配列は元の配列のビューです。

リスト3.35 T属性の例

In

```
# np.transpose(x) でも可
x.T
```

out

```
array([[0, 3],
       [1, 4],
       [2, 5]])
```

多次元配列の任意の軸を交換するにはswapaxesメソッドを使います。リスト3.36では配列を転置させています。

リスト3.36 swapaxesメソッドの例

In

```
x.swapaxes(0, 1)
```

out

```
array([[0, 3],
       [1, 4],
       [2, 5]])
```

3.5 配列の基本計算

本節では配列の基本的な計算機能について解説します。

3.5.1 基本的な算術演算

算術演算子による配列の演算では、配列が同じ形状の場合は対応する要素ごとに演算が行われます（リスト3.37）。演算の結果、要素が浮動小数点数になる場合には、返される配列のデータ型は浮動小数点数型になります。

リスト3.37 同じ形状の配列同士の演算

In

```
import numpy as np


x = np.array([[1, -1],
              [3, 2]])
y = np.array([[0, 1],
              [-2, 1]])


x + y
```

out

```
array([[1, 0],
       [1, 3]])
```

演算する2つの配列の形状が異なる場合は、形状の小さい方が大きい方の配列の形状に一致するように拡大されて計算されます。この処理は**ブロードキャスティング**と呼ばれ、プログラムの内部で自動的に行われます。ブロードキャスティングは配列の演算を簡潔に記述するためのものですが、混乱しやすいので使用する際には十分注意しましょう。

まず、2つの配列が2次元配列の場合で説明します。配列の行か列どちらかの長さが1であれば、一方の配列の長さに等しくなるように配列が拡大されます。例えば、形状が(2, 2)の配列xと(1, 2)の配列yの加算を考えます(リスト3.38)。この場合はyが行方向に拡大されて(2, 2)の配列として計算されます。つまり、式3.1のように計算されます。

$$\begin{bmatrix} 1 & 2 \\ 3 & 4 \end{bmatrix} + \begin{bmatrix} 5 & 6 \\ 5 & 6 \end{bmatrix} = \begin{bmatrix} 6 & 8 \\ 8 & 10 \end{bmatrix} \tag{3.1}$$

リスト3.38 ブロードキャスティングの例①

in

```
x = np.array([[1, 2],
              [3, 4]])
y = np.array([[5, 6]])

# 各行に [5, 6] が足される
x + y
```

out

```
array([[ 6,  8],
       [ 8, 10]])
```

同様に、形状が(1, 2)と(2, 1)の配列の演算では、各配列が(2, 2)の配列に拡大されて演算されます。リスト3.39の演算は式3.2のように計算されます。

$$\begin{bmatrix} 1 & 2 \\ 1 & 2 \end{bmatrix} + \begin{bmatrix} 3 & 3 \\ 4 & 4 \end{bmatrix} = \begin{bmatrix} 4 & 5 \\ 5 & 6 \end{bmatrix} \tag{3.2}$$

リスト3.39 ブロードキャスティングの例②

in

```
x = np.array([[1, 2]])
y = np.array([[3],
              [4]])

x + y
```

out

```
array([[4, 5],
       [5, 6]])
```

次に、2つの配列の次元が等しくない場合の演算について説明します。この場合には、まず2つの配列の次元数が一致するまで小さい次元の配列に左から長さ1の新たな軸が追加されます。そして、長さ1の次元は先程と同様に拡大され、2つの配列が同じ形状になれば計算されます。

例えば、形状が`(2, 3)`の2次元配列と、形状が`(3,)`の1次元配列の演算を考えます(リスト3.40)。

まず、1次元配列に新たな軸が左から追加され、形状が`(1, 3)`の2次元配列になります。次に、配列が行方向に拡大されて`(2, 3)`の2次元配列として計算されます。よってリスト3.40の演算は式3.3のように計算されます。

$$\begin{bmatrix} 1 & 2 & 3 \\ 4 & 5 & 6 \end{bmatrix} + \begin{bmatrix} 0 & 10 & 100 \\ 0 & 10 & 100 \end{bmatrix} = \begin{bmatrix} 1 & 12 & 103 \\ 4 & 15 & 106 \end{bmatrix} \tag{3.3}$$

リスト3.40 ブロードキャスティングの例③

In

```
x = np.array([[1, 2, 3],
              [4, 5, 6]])
y = np.array([0, 10, 100])

x + y
```

out

```
array([[  1,  12, 103],
       [  4,  15, 106]])
```

配列とスカラーの演算もブロードキャストが適用されます。スカラーは形状が`(1,)`の1次元配列と同じように扱われます。リスト3.41の演算は式3.4のように計算されます。

$$\begin{bmatrix} 1 & 2 \\ 3 & 4 \end{bmatrix} + \begin{bmatrix} 1 & 1 \\ 1 & 1 \end{bmatrix} = \begin{bmatrix} 2 & 3 \\ 4 & 5 \end{bmatrix} \tag{3.4}$$

リスト3.41 ブロードキャスティングの例④

In

```
x = np.array([[1, 2],
              [3, 4]])
y = 1

x + y
```

out

```
array([[2, 3],
       [4, 5]])
```

3.5.2 ユニバーサル関数

NumPyには配列に対して、要素ごとに処理を行う様々な関数が実装されています。これを**ユニバーサル関数**や**ufunc**と呼びます。`ufunc`の特長は処理が高速なことです。`ufunc`の一部として表3.1のものがあります。NumPyにはかなり多くの`ufunc`があるので、詳しくは公式ドキュメント（URL https://docs.scipy.org/doc/numpy/reference/ufuncs.html#available-ufuncs）を参照してください。リスト3.42では`sqrt`関数によって配列の全要素の$\sqrt{x}$を計算します。

関数	説明
sin	正弦 $\sin x$
deg2rad	度単位の数値をラジアン単位に変換
exp	指数関数 e^x
log	自然対数 $\ln x$
sqrt	正の平方根 $\sqrt{x}$
abs	絶対値
rint	最も近い整数に丸める

表3.1 ufuncの一部

リスト3.42 ユニバーサル関数の使用例

In

```
x = np.arange(5)

np.sqrt(x)
```

out

```
array([0.        , 1.        , 1.41421356, 1.73205081, 2.        ])
```

3.5.3 比較演算

比較演算子で配列を比較するとブール値の配列を得られます(リスト3.43)。なお、算術演算子の場合と同様、比較演算子についてもブロードキャスティングの規則が適用されます。

リスト3.43 配列の比較の例

In

```
x = np.array([1, 2, 3, 4])
y = np.array([4, 3, 2, 1])

z = x > y
z
```

out

```
array([False, False,  True,  True])
```

ブール値の配列では論理演算子&や | を使って要素ごとの論理和と論理積を求めることができます。リスト3.44ではxの配列で値が2以上4未満の要素を0に書き換えています。

リスト3.44 ブール値の配列によるフィルタリング

In

```
x[(2 <= x) & (x < 4)] = 0
x
```

out

```
array([1, 0, 0, 4])
```

リスト3.45のall関数は配列の要素がすべてTrueであればTrueを返します。また、これに似たany関数は要素に1つでもTrueが含まれていればTrueを返します。

リスト3.45 all関数の例

In

```
np.all(z)
```

out

```
False
```

算術演算においては要素のTrueとFalseはそれぞれ1と0として扱われます。この性質を利用し、ブール値の配列を使って様々な条件に合った数値配列を作れます。リスト3.46ではxの配列に含まれる2以下の要素を0にした配列を作成しています。

リスト3.46 ブール値の配列を用いた算術演算

In

```
x = np.array([1, 2, 3, 4])

x * (x > 2)
```

out

```
array([0, 0, 3, 4])
```

3.5.4 ベクトルや行列の積

NumPyの配列では*演算子による演算は行列の要素ごとの積を計算します。これはアダマール積(Hadamard product)などと呼ばれる行列の乗法に対応します。

ベクトルや行列の乗法にはほかにも様々な定義が存在し、最も重要な定義が行列の積(Matrix product)と呼ばれるものです。行列の積は@演算子やnp.dot

関数を使って計算できます。

行列の積の具体例を紹介します。リスト3.47は2つの2次元配列によって式3.5の行列Aと行列Bを定義しています。

$$A=\begin{bmatrix}1 & -2\\2 & 0\end{bmatrix},\quad B=\begin{bmatrix}3 & 4\\-1 & -3\end{bmatrix} \tag{3.5}$$

リスト3.47 配列の作成

In

```
A = np.array([[1, -2],
              [2, 0]])
B = np.array([[3, 4],
              [-1, -3]])
```

行列の積ABは式3.6のように計算されます。ABは2つの配列と@演算子を用いてA @ Bで計算することができます（リスト3.48）。

$$AB=\begin{bmatrix}1\cdot 3+(-2)\cdot(-1) & 1\cdot 4+(-2)\cdot(-3)\\2\cdot 3+0\cdot(-1) & 2\cdot 4+0\cdot(-3)\end{bmatrix}=\begin{bmatrix}5 & 10\\6 & 8\end{bmatrix} \tag{3.6}$$

リスト3.48 行列の積の例①

In

```
A @ B
```

out

```
array([[ 5, 10],
       [ 6,  8]])
```

行列とベクトルの積も@演算子で行列の積として演算できます。@演算子やnp.dot関数は2つの配列の次元が異なる場合でも演算できます。例えば、2次元配列と1次元配列との演算では、内部で1次元配列を2次元配列（列ベクトル）として計算し、結果を1次元配列に変換して返します。ただし、これは間違いの元になるので、できるだけベクトルも2次元配列として作成して計算するようにしましょう。リスト3.49では縦ベクトルを2次元配列で作成して計算しています。

リスト3.49 行列の積の例②

In

```
x = np.array([[1, -1]]).T


A @ x
```

out

```
array([[3],
       [2]])
```

CHAPTER 4

SymPyによる代数計算

Pythonでは人が紙とペンで手計算するような数学の代数計算を、SymPyというパッケージで行うことができます。本章ではSymPyの基本的な使用方法を解説します。

4.1 SymPyの準備

本節ではSymPyの概要と、利用するための方法を解説します。

4.1.1 SymPyとは

SymPyはPythonに代数計算の機能を提供するパッケージです。代数的に微分積分の計算や方程式を解くといった様々なことができるようになります。また、求めた数式表現に数値を代入して数値解を求めることもできます。

SymPyのような数式処理システムは人が紙とペンで手計算するよりも効率的に数式の演算を行え、手計算で求めた数式のチェックに用いるのにも有用です。Jupyter Notebook上でSymPyを利用すれば、計算結果がLaTeX形式で出力され、綺麗にレンダリングされて表示されます。この機能もレポートの作成などで数式を入力する際の助けになるので便利です。

4.1.2 SymPyのインポート

SymPyは リスト4.1 でインポートして使われることが多く、本章では煩雑さを避けるためにこの方法を使います。しかし、簡単な計算やSymPyの学習目的以外ではこの方法は推奨されません。SymPyを実際に使用するときは`import sympy`などでインポートするか、必要なクラスなどを選択してインポートしましょう。

リスト4.1 SymPyのインポート

In

```
from sympy import *
```

4.2 シンボルの作成

本節では数式を構成するシンボルの作成方法を解説します。

4.2.1 定数と変数のシンボル

SymPyではSymbolクラスなどを用いて、Pythonのオブジェクトとして数学記号を扱えます。シンボル(Symbol)オブジェクトは数式を表現するデータ構造の要素として使用されます。

シンボルの作成にはsymbols関数を使います。リスト4.2ではsymbols関数でシンボルを作成し、そのシンボルの値と型を表示しています。symbols関数の引数にはシンボルの名前を表す文字列を指定します。シンボルを代入する変数名は、シンボル名と一致させるか、シンボル名を短縮したものにするとコードが読みやすくなります。

リスト4.2 symbols関数の例①

In

```
from sympy import *

x = symbols('x')

print(x)
print(type(x))
```

Out

```
x
<class 'sympy.core.symbol.Symbol'>
```

リスト4.3のようにsymbols関数は複数のシンボルを同時に作成することもできます。シンボルの名前をスペースなどで区切って記述するか、シーケンスとして引数に指定します。作成されたシンボルはタプルでまとめて返されます。

リスト4.3 symbols関数の例②

In

```
x, y, z = symbols('x y z')
x, y, z = symbols('x,y,z')
x, y, z = symbols(['x', 'y', 'z'])
```

また、スライシングのように:を使って範囲を指定することで、数字や英字が連続するシンボルを一括で定義できます(リスト4.4)。

リスト4.4 symbols関数の例③

In

```
print(symbols('a:3'))
print(symbols('b10:13'))
print(symbols('c0(1:4)'))
print(symbols(':c'))
print(symbols('x(b:d)'))
print(symbols('(x:y)(0:2)'))
```

Out

```
(a0, a1, a2)
(b10, b11, b12)
(c01, c02, c03)
(a, b, c)
(xb, xc, xd)
(x0, x1, y0, y1)
```

シンボルには様々な情報を仮定できます。仮定は表4.1のキーワード引数を用いて設定します。

キーワード引数	説明
real	実数
positive	正
negative	負
integer	整数
odd	奇数
prime	素数
complex	複素数

表4.1 仮定を設定する主なキーワード引数

例えば、シンボルを整数と仮定する場合はinteger=Trueと指定します（リスト4.5）。また、シンボルの仮定を検証するメソッドが用意されています。リスト4.5ではis_integerメソッドにより、そのシンボルの仮定が整数であることを確認しています。このようにシンボルの仮定を検証するメソッドは、対応するキーワード引数名に接頭辞is_が付いた名前になっています。

リスト4.5 is_integerメソッドの例

In

```
x = symbols('x', integer=True)

x.is_integer
```

Out

```
True
```

定義したシンボルとSymPyの様々な関数を組み合わせることで数式を作成できます（リスト4.6）。

リスト4.6 数式の作成

In

```
x = symbols('x')

1 / sqrt(x) - sqrt(1 / x)
```

Out

$$-\sqrt{\frac{1}{x}} + \frac{1}{\sqrt{x}}$$

リスト4.7のようにシンボルに仮定がある場合は、その仮定に従って数式が単純化されます。

リスト4.7 シンボルに仮定がある場合の数式

In

```
x = symbols('x', positive=True)

1 / sqrt(x) - sqrt(1 / x)
```

Out

```
0
```

4.2.2 特殊な定数のシンボル

SymPyには円周率πのような数学で頻出の定数や、無限∞のような特殊な数のシンボルが用意されています。実装されている特殊な定数のシンボルには表4.2のものがあります。

記号	説明
pi	円周率 π
E	ネイピア数 e
I	虚数単位 i
oo	無限 ∞

表4.2 特殊な定数のシンボルの一例

このシンボルの例としてリスト4.8では$\cos\pi$を計算させています。

リスト4.8 特殊な定数のシンボルの例

In

```
cos(pi)
```

Out

```
−1
```

4.2.3 関数のシンボル

SymPyには数学の関数を表すためのFunctionクラスがあります。これはPythonのdef文で作られるような関数とは異なるので注意してください。シンボルの作成と同様にFunctionクラスには関数名の文字列型を渡します(リスト4.9)。作成されたUndefinedFunctionオブジェクトは処理が定義されていない関数を表すオブジェクトです。なお、関数のシンボルにも仮定を与えることができます。

リスト4.9 Functionクラスの例①

In

```
f = Function('f')


print(f)
print(type(f))
```

Out

```
f
<class 'sympy.core.function.UndefinedFunction'>
```

このUndefinedFunctionオブジェクトには関数の独立変数を設定できます。リスト4.10のように引数に指定されたシンボルが関数の独立変数になります。関数の独立変数はfree_symbols属性で確認できます。

リスト4.10 Functionクラスの例②

In

```
x, y = symbols('x y')
f = Function('f')(x, y)
```

```
f.free_symbols
```

Out

```
{x, y}
```

一方、特定の処理が定義された関数として、三角関数や指数関数などの標準的な数学関数が用意されています。実装されている数学関数の一覧は公式ドキュメント（URL https://docs.sympy.org/latest/modules/functions/）を参照してください。

SymPyの数学関数は引数に数値やシンボルを受け取り、それを評価した結果を返します（リスト4.11）。

リスト4.11 SymPyの数学関数の例

In

```
exp(x) + exp(I * pi)
```

Out

$e^x - 1$

4.3 SymPyの数値型

本節ではSymPyの数値型について解説します。

4.3.1 整数

SymPyが扱う数値型には整数(Integer)型、浮動小数点数(Float)型、分数(Rational)型があります。Integerオブジェクトはリスト4.12のようにして作成します。なお、SymPyでもメモリの許す限り大きな整数を扱えます。

リスト4.12 Integer型の例

In

```
from sympy import *

x = Integer(5)

print(x)
print(type(x))
```

Out

```
5
<class 'sympy.core.numbers.Integer'>
```

SymPyの数値型もPythonの数値型と同様、算術演算子による基本演算が可能です。SymPyとPythonの数値型が混合していても計算はできます。ただし、式に1つでもSymPyのオブジェクトが含まれていれば、結果もSymPyのオブジェクトで返されます。SymPyの整数型を含む割り算の結果が整数にならない場合は、分数型で値が返されます(リスト4.13)。

リスト4.13 SymPyの整数型の計算例

In

```
y = x / 3


print(y)
print(type(y))
```

Out

```
5/3
<class 'sympy.core.numbers.Rational'>
```

4.3.2 浮動小数点数

SymPyの浮動小数点数はFloatクラスで表します。Floatオブジェクトはリスト4.14のようにして作成できます。Floatクラスの第2引数には数値の精度(有効数字の桁数)を指定できます。

リスト4.14 Floatクラスの例①

In

```
x = Float(1.1, 5)
x
```

Out

```
1.1
```

Pythonの浮動小数点数をFloat型に渡し、精度に大きな値を指定しようとすると、リスト4.15のように丸め誤差の影響で期待の精度を出せないことがあります。このような場合には、小数点数を表現した文字列型を引数に与えるようにします。

リスト4.15 Floatクラスの例②

In

```
# 丸め誤差が含まれる
print(Float(0.2, 20))
```

```
# 丸め誤差が含まれない
print(Float('0.2', 20))
```

Out

```
0.20000000000000001110
0.20000000000000000000
```

精度が異なる浮動小数点数の演算では、当然ながら精度の低い方が含む誤差が計算結果に影響するので注意してください(リスト4.16)。計算結果の表示には高い方の精度が適用されます。

リスト4.16 SymPyの浮動小数点数型の計算例

In

```
Float('2', 10) + Float('0.2', 3)
```

Out

```
2.200012207
```

4.3.3　分数

分数はRationalクラスで表します。引数には分子と分母の数値を指定するか、分数を表現する文字列を指定します(リスト4.17)。

リスト4.17 Rationalクラスの例①

In

```
# Rational(1, 3) でも可
Rational('1/3')
```

Out

$$\frac{1}{3}$$

リスト4.18のように、作成される分数は約分されて簡潔な形で表現されます。

リスト4.18 Rationalクラスの例②

In

```
Rational(2, 6)
```

Out

$$\frac{1}{3}$$

分数型も他の数値型と同様、算術演算子による基本演算が行えます(リスト4.19)。

リスト4.19 分数型の計算例

In

```
x = Rational(4, 3)
y = Rational(1, 2)

x + y
```

Out

$$\frac{11}{6}$$

4.4 数式の基本的な操作

本節ではSymPyの数式の概要と、変数への値の代入といった基本的な操作を解説します。

 4.4.1 数式

SymPyのシンボルや数値型と算術演算子などを使って数式を表現できます。リスト4.20では$2x^3 + 5x - 4$の数式を作成しています。

リスト4.20 SymPyの数式表現

In

```
from sympy import *

x = symbols('x')

eq = 2 * x**3 + 5 * x  - 4
eq
```

Out

$$2x^3 + 5x - 4$$

SymPyの数式は様々なサブオブジェクトからなるツリー構造になっています。数式を構成するサブオブジェクトにはargs属性でアクセスできます。リスト4.21ではeqを構成するサブオブジェクトにアクセスしています。

リスト4.21 args属性の例

In

```
print(eq.args)
print(eq.args[2].args)
```

Out

```
(-4, 2*x**3, 5*x)
(5, x)
```

4.4.2 代入

数式に含まれるシンボルを別のシンボルや数値などに置き換えることができます。この操作はsubsメソッドやreplaceメソッドで行います。通常はsubsメソッドで十分ですが、数式の関数を別の関数に置き換えるような場合にはreplaceメソッドを使います。

リスト4.22のようにsubsメソッドは第1引数のシンボルや数式を第2引数のもので置き換えます。ここでは数式に含まれるxをyに置き換えています。

リスト4.22 subsメソッドの例①

In

```
y = symbols('y')

(x + x * y).subs(x, y)
```

Out

$$y^2 + y$$

一度に複数の代入操作を行う場合は辞書型にまとめて指定できます(リスト4.23)。

リスト4.23 subsメソッドの例②

In

```
z = symbols('z')

(x + y).subs({x: z**2, y: sqrt(z)})
```

Out

$$\sqrt{z} + z^2$$

リスト4.24のようにシンボルに数値を代入すれば、数式表現から数値を計算できます。

リスト4.24 subsメソッドの例③

In

```
(x + y + z).subs({x: 0.1, y: 0.3, z: 0.5})
```

Out

```
0.9
```

4.4.3 数値評価

定数を含むような数式ではevalfメソッドを呼び出すと数式が評価され、SymPyの浮動小数点数で結果が返されます(リスト4.25)。また、N関数を用いても数式を評価することができます。浮動小数点数の精度を引数で指定でき、デフォルトでは15桁になります。

リスト4.25 evalfメソッドの例

In

```
eq = pi / 2
print(eq)

# print(N(eq)) でも可
print(eq.evalf())
```

Out

```
pi/2
1.57079632679490
```

数式の変数に様々な値を代入して数値を評価したい場合にはlambdify関数を使います。この関数はSymPyの数式を元にしてPythonの関数を作成します。第1引数には関数の引数になるシンボルを、第2引数には数式を指定します。リスト4.26ではx^2+1を計算する関数を作成しています。

リスト4.26 lambdify関数の例①

In

```
eq = x**2 + 1
eqf = lambdify(x, eq)

eqf(2)
```

Out

```
5
```

リスト4.27のように作成した関数にはNumPyの配列を渡すこともでき、配列の各要素に対する関数値が計算されます。

リスト4.27 lambdify関数の例②

In

```
import numpy as np

arr = np.arange(5)

eqf(arr)
```

Out

```
array([ 1,  2,  5, 10, 17], dtype=int32)
```

4.4.4　方程式を解く

SymPyではsolveset関数を用いて方程式の解を求められます。solveset関数の引数に指定された数式は0と等しいとみなされます。例としてリスト4.28では単変量の単一方程式$x^2 = 1$の解を求めています。項を左辺にまとめると$x^2 - 1 = 0$なので、引数にx**2 - 1と指定します。

リスト4.28 solveset関数の例①

In

```
solveset(x**2 - 1)
```

1 2 3 4 5 6 7 8 9 SymPyによる代数計算

Out

$$\{-1, 1\}$$

SymPyには方程式を表すEqクラスが用意されています。Eqクラスの引数には方程式の左辺と右辺を与えます。これを用いた場合はリスト4.29のように解を求めることができます。

リスト4.29 solveset関数の例②

In

```
expr = Eq(x**2, 1)

solveset(expr)
```

Out

$$\{-1,1\}$$

式に複数のシンボルがある場合には、どれに対して解くのかを第2引数で指定する必要があります（リスト4.30）。

リスト4.30 solveset関数の例③

In

```
a, b = symbols('a, b')

solveset(a * x + b, x)
```

Out

$$\left\{-\frac{b}{a}\right\}$$

多くの方程式は代数的な手法では解けません。代数的に解けない方程式においては、SymPyは数値評価ができるComplexRootOfオブジェクトを結果に返します。このオブジェクトはevalfメソッドなどで数値評価でき、数値解（近似解）を求めることができます（リスト4.31）。

リスト4.31 solveset関数の例④

In

```
ans = solveset(x**5 - x - 1, x)

print(ans)
print([i.evalf() for i in ans])
```

Out

```
FiniteSet(CRootOf(x**5 - x - 1, 0), CRootOf(x**5 - x - 1, 1), ➡
CRootOf(x**5 - x - 1, 2), CRootOf(x**5 - x - 1, 3), ➡
CRootOf(x**5 - x - 1, 4))
[1.16730397826142, -0.764884433600585 - ➡
0.352471546031726*I, -0.764884433600585 + ➡
0.352471546031726*I, 0.181232444469875 - ➡
1.08395410131771*I, 0.181232444469875 + ➡
1.08395410131771*I]
```

方程式に解がない場合はEmptySetオブジェクトが返され、空集合を表す記号が表示されます(リスト4.32)。

リスト4.32 solveset関数の例⑤

In

```
solveset(exp(x))
```

Out

```
∅
```

また、方程式を解く方法が見つからなかった場合はConditionSetオブジェクトが返され、集合の記法によって解の集合が表示されます(リスト4.33)。

リスト4.33 solveset関数の例⑥

In

```
solveset(exp(x) + log(x), x)
```

Out

$$\{x \mid x \in \mathbb{C} \wedge e^x + \log(x) = 0\}$$

連立方程式を解くには`linsolve`関数や`nonlinsolve`関数を使います。方程式が線形である場合には`linsolve`関数、非線形である場合には`nonlinsolve`関数を使います。これらの引数には方程式と変数をまとめたリストを指定します。リスト4.34とリスト4.35では、それぞれ線形と非線形の連立方程式を解いています。

リスト4.34 `linsolve`関数の例

In

```
eq1 = x + y - 7
eq2 = -3 * x - y + 5

linsolve([eq1, eq2], [x, y])
```

Out

$$\{(-1, 8)\}$$

リスト4.35 `nonlinsolve`関数の例

In

```
eq3 = x * y - 1
eq4 = x - 2

nonlinsolve([eq3, eq4], [x, y])
```

Out

$$\left\{\left(2, \frac{1}{2}\right)\right\}$$

4.5 数式の単純化

本節では数式の単純化について解説します。

4.5.1 simplify関数

数式を簡単な形にする操作を数式の単純化や簡略化と呼びます。数式を単純化する主な関数を表4.3にまとめました。各関数は数式のメソッドとしても呼び出せるようになっています。通常はsimplify関数を使い、単純化の方法を明確に指定したい場合にほかの関数を使います。

関数	説明
simplify	様々な方法とアプローチで数式を単純化
trigsimp	三角関数の公式により数式を単純化
powsimp	べき乗の法則により数式を単純化
radsimp	分母の有理化により数式を単純化

表4.3 数式を単純化する主な関数

例としてリスト4.36の数式を定義しておきます。

リスト4.36 数式の作成

In

```
from sympy import *

x = symbols('x')

eq = x**2 - x + x * (x + 6) + (1 - cos(2 * x)) / 2
eq
```

Out

$$x^2 + x(x+6) - x - \frac{\cos(2x)}{2} + \frac{1}{2}$$

リスト4.37を実行すると数式がsimplify関数によって単純化されます。なお、単純化された式は独立したオブジェクトとして作成されるので、元のオブジェクトには影響はありません。

リスト4.37 simplify関数の例

In

```
# eq.simplify() でも可
simplify(eq)
```

Out

$$2x^2 + 5x + \sin^2(x)$$

4.5.2 多項式の単純化

simplify関数などでは想定通りに数式を単純化できない場合には、特定の方法で数式を変形する関数を使います。それらの関数も数式のメソッドとして呼び出せるようになっています。ここでは多項式を変形する関数を紹介します。

多項式を展開する関数がexpand関数です。デフォルトの動作では、項ができるだけ単純な和の形となるように展開されます。リスト4.39ではリスト4.38で定義した多項式を展開しています。

リスト4.38 数式の作成

In

```
eq = x * (2 * x + 1) * (x - 3)
eq
```

Out

$$x(x-3)(2x+1)$$

リスト4.39 expand関数の例①

In

```
expand(eq)
```

Out

$$2x^3 - 5x^2 - 3x$$

さらに、式の展開方法をキーワード引数で選択できます。例えばtrig引数にTrueと指定すれば、三角関数の公式で数式が展開されます(リスト4.40)。なお、このようなキーワード引数に対応するexpand_trig関数なども用意されており、どちらを使っても結果は変わりません。

リスト4.40 expand関数の例②

In

```
y = symbols('y')

expand(cos(x + y), trig=True)
```

Out

$$-\sin(x)\sin(y) + \cos(x)\cos(y)$$

展開とは逆に、多項式を因数分解するにはfactor関数を使用します(リスト4.41)。

リスト4.41 factor関数の例

In

```
factor(2*x**2 + 5*x + 3)
```

Out

$$(x + 1)(2x + 3)$$

数式を指定の変数についてまとめたい場合はcollect関数を使用します。この関数は指定された変数のべき乗項の和に数式を変形します。変数はリストにまとめて複数指定することもできます。リスト4.43ではリスト4.42で定義した多項式をxについて整理しています。

リスト4.42 数式の作成

In

```
z = symbols('z')


eq = expand((2 * x + x * y + 3 * z) ** 2)
eq
```

Out

$$x^2 y^2 + 4x^2y + 4x^2 + 6xyz + 12xz + 9z^2$$

リスト4.43 collect関数の例

In

```
collect(eq, x)
```

Out

$$x^2(y^2 + 4y + 4) + x(6yz + 12z) + 9z^2$$

4.5.3 有理式の単純化

有理式(分数式)についてはapart関数で部分分数分解ができます。多変数の有理式である場合、どの変数について分解するかを指定します。

リスト4.45ではリスト4.44で定義した有理式をxについて分解しています。

リスト4.44 数式の作成

In

```
eq1 = x * y / ((x + 1) * (y + 1))
eq1
```

Out

$$\frac{xy}{(x+1)(y+1)}$$

リスト4.45 apart関数の例

In

```
eq2 = apart(eq1, x)
```

```
eq2
```

Out

$$\frac{y}{y+1} - \frac{y}{(x+1)(y+1)}$$

逆に有理式の通分はtogether関数で行えます。リスト4.46では部分分数分解した式を通分して元の形に戻しています。

リスト4.46 together関数の例

In

```
together(eq2)
```

Out

$$\frac{xy}{(x+1)(y+1)}$$

そのほかに約分はcancel関数で行えます(リスト4.47)。

リスト4.47 cancel関数の例

In

```
eq = (x*y**2 - 2*x*y*z + x*z**2 + y**2 - 2*y*z + z**2)/ ➡
(x**2 - 1)
cancel(eq)
```

Out

$$\frac{y^2 - 2yz + z^2}{x - 1}$$

4.6 SymPyの行列型

本節ではSymPyの行列型について解説します。

4.6.1 行列の作成

SymPyではMatrixクラスを用いて行列やベクトルを扱います。引数にはリスト4.48のようにシンボルや数値を要素とするリストを指定します。また、NumPyの配列を渡して行列を作ることができます。

リスト4.48 Matrixクラスの例①

In

```
from sympy import *

a, b = symbols('a, b')

Matrix([[0, a],
        [b, 1]])
```

Out

$$\begin{bmatrix}0 & a\\ b & 1\end{bmatrix}$$

SymPyのMatrixオブジェクトは必ず2次元以上の構造をしています。リスト4.49のように1次元のリストを渡すと列ベクトル($n \times 1$の行列)になります。

リスト4.49 Matrixクラスの例②

In

```
Matrix([-1, 1])
```

Out

$$\begin{bmatrix} -1 \\ 1 \end{bmatrix}$$

NumPyと同じようにzeros関数やeye関数といった定番の行列を作成する関数が用意されています(リスト4.50)。

リスト4.50 eye関数の例

In

```
eye(3)
```

Out

$$\begin{bmatrix} 1 & 0 & 0 \\ 0 & 1 & 0 \\ 0 & 0 & 1 \end{bmatrix}$$

4.6.2 行列の基本演算

行列の形状が一致していれば加減算ができ、対応する要素ごとに値が計算されます(リスト4.51)。

リスト4.51 行列の加算

In

```
M1 = Matrix([[0, 1],
             [-1, 2]])
M2 = Matrix([[3, 2],
             [1, 0]])

M1 + M2
```

Out

$$\begin{bmatrix} 3 & 3 \\ 0 & 2 \end{bmatrix}$$

SymPyの行列においては*演算子で要素ごとの積ではなく行列の積が計算さ

れます。そのため、行列とベクトルの積も*演算子で記述します(リスト4.52)。

リスト4.52 行列とベクトルの積

In

```
v = Matrix(symbols('x, y'))
M1 * v
```

Out

$$\begin{bmatrix} y \\ -x + 2y \end{bmatrix}$$

行列にも様々な属性が用意されており、行列の基本的な変形にはそれらを利用します。例えば、リスト4.53のように転置行列をT属性で取得できます。

リスト4.53 T属性の例

In

```
M1.T
```

Out

$$\begin{bmatrix} 0 & -1 \\ 1 & 2 \end{bmatrix}$$

CHAPTER 5

Matplotlibによるデータの可視化

本章ではMatplotlibの基本的なグラフ作成機能について解説します。

5.1 Matplotlibの準備

本節ではMatplotlibの概要と利用方法を解説します。

5.1.1 Matplotlibとは

データの持つ特徴を観察するため、グラフ(プロット)を作成することは非常に重要な作業です。**Matplotlib**はPythonでグラフを作成するためのライブラリです。機能の多さや作成できるグラフの品質から、Pythonでのグラフ描画ライブラリの定番となっています。MatplotlibはJupyter Notebookでも使え、作成した図を即座にノートブック上に表示させることができます。

5.1.2 Matplotlib のインポート

Matplotlibは多くのモジュールで構成されています。グラフを作成するための関数は`matplotlib.pyplot`モジュールにまとめられており、これを`plt`という名前でインポートするのが慣例です(リスト5.1)。

リスト5.1 `matplotlib.pyplot`のインポート

In

```
import matplotlib.pyplot as plt
```

MatplotlibはGUIアプリケーションに描画画面を埋め込んだり、単純に静止画像としてグラフを作成したりと、様々な用途に合わせて出力形式を変えることができます。図の作成や出力といった裏方仕事を行う機能は**バックエンド**と呼ばれ、用途に合わせてバックエンドを選択します。

Jupyter Notebookで`matplotlib.pyplot`モジュールをインポートすると、図を静止画像で表示するバックエンドが有効化されます。以降のセルで作成したグラフは、セルの下に表示されるようになります。なお、古いバージョンのIPythonとMatplotlibを使う際には、このバックエンドを有効化するために`%matplotlib inline`というコマンドを実行する必要があります。

5.1.3 Matplotlib の設定

Matplotlibのデフォルト設定は`plt.rcParams`で参照できるオブジェクトで管理されています。このオブジェクトは辞書型に似ているので リスト5.2 のように設定項目の値を参照でき、代入文を使うことで設定項目の値を変更できます。なお、項目の値をデフォルトに戻すには`plt.rcdefaults`関数を呼び出します。

リスト5.2 設定項目の値の確認

In

```
plt.rcParams['lines.linewidth']
```

Out

```
1.5
```

設定項目の値はmatplotlibrcというファイルを用いても設定できます。Matplotlibはこのファイルに書かれた値を設定項目のデフォルト値とします。Matplotlibを使うたびに`plt.rcParams`で設定するのが手間であれば、matplotlibrcを使いましょう。

matplotlibrcを使う場合は、現在使われているmatplotlibrcファイルを探すために リスト5.3 を実行します。

リスト5.3 現在使われているmatplotlibrcファイル

In

```
import matplotlib

matplotlib.matplotlib_fname()
```

Out

```
'C:¥¥Users¥¥mydev¥¥Anaconda3¥¥lib¥¥site-packages¥¥ ➡
matplotlib¥¥mpl-data¥¥matplotlibrc'
```

次に、リスト5.4 を実行して設定ファイルを保存するフォルダを調べます。このフォルダに先程見つけたmatplotlibrcファイルをコピーします。コピーしたファイルをテキストエディタなどで開き、必要な設定項目をコメントアウトして値を設定します。

リスト5.4 matplotlibrcファイルの保存先

In

```
matplotlib.get_configdir()
```

Out

```
'C:¥¥Users¥¥mydev¥¥.matplotlib'
```

グラフの見た目に関した諸設定をスタイルシートというファイルにまとめ、設定を簡単に切り替えることができます。Matplotlibには多くのスタイルシートが用意されており、利用できるスタイルシートは リスト5.5 で調べることができます。スタイルシートは`plt.style.use`メソッドで呼び出して使用します。

リスト5.5 使用できるスタイルシートの一覧

In

```
# 長いので 5 個だけ表示
plt.style.available[:5]
```

Out

```
['bmh', 'classic', 'dark_background', 'fast', ➡
'fivethirtyeight']
```

5.2 グラフ作成の基礎

本節ではMatplotlibを用いたグラフ作成の基礎事項について解説します。

5.2.1 基本的な2次元グラフ

Matplotlibのグラフは`Figure`オブジェクトと、その中にある1つ以上の`Axes`オブジェクトで構成されています。`Figure`は図全体の描画領域で、`Axes`は1つのグラフを描く領域(座標系)を表します。複数のグラフを並べるときは、1つの`Figure`の中に複数の`Axes`が含まれる構成になります。

`Figure`は`plt.figure`関数などで作成できます。表5.1のようなキーワード引数を指定することにより、図の大きさや背景色などを設定できます。なお、各グラフの軸や目盛、線のスタイルなど、グラフの内容については`Axes`のメソッドで設定します。

引数	説明
figsize	幅と高さ (インチ単位)
dpi	ドット解像度
facecolor	背景色

表5.1 `plt.figure`関数の主なキーワード引数

画像の解像度は`dpi`引数で設定できます。DPI(dots per inch)は1インチあたりのドット数のことで、`dpi`と`figsize`の値をかけた値が出力画像のピクセル寸法になります。現在の`figsize`と`dpi`の値はリスト5.6で確認できます。

リスト5.6 図の大きさとDPIの確認

In

```
import matplotlib.pyplot as plt


print(plt.rcParams['figure.figsize'])
```

```
print(plt.rcParams['figure.dpi'])
```

Out

```
[6.0, 4.0]
72.0
```

Figureにはadd_axesメソッドを使って新しいAxesを追加できます。このメソッドの引数にAxesの位置と大きさをタプルで指定します。位置は描画領域の左下を基準、右上を(1, 1)とする座標系で与え、大きさは描画領域の幅と高さに対する割合で指定します。

それでは、基本的な2次元グラフを作成してみましょう(リスト5.7)。Axesのplotメソッドにグラフ化するデータを渡すことで折れ線グラフが作成されます。plotメソッドを複数回呼び出すと、グラフが重なって表示されます。

使用するバックエンドによってはplt.show()と実行することで図が表示されます。Jupyter Notebookがデフォルトで使用するバックエンドではplt.show関数の呼び出しは不要です。

リスト5.7 plotメソッドによる最も基本的なグラフ

In

```
import numpy as np

# データ点の x 座標と y 座標の配列を作成
x = np.linspace(0, 2 * np.pi, 100)
y = np.sin(x)

# Figure オブジェクトの作成
fig = plt.figure()

# Axes オブジェクトの追加
# 座標 (0.15, 0.1), 幅 70%, 高さ 80%
ax = fig.add_axes((0.15, 0.1, 0.7, 0.8))

# 折れ線グラフを描画
ax.plot(x, y)
```

Out

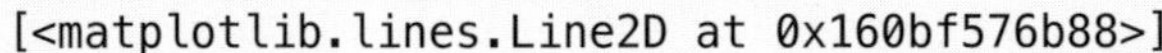

```
[<matplotlib.lines.Line2D at 0x160bf576b88>]
```

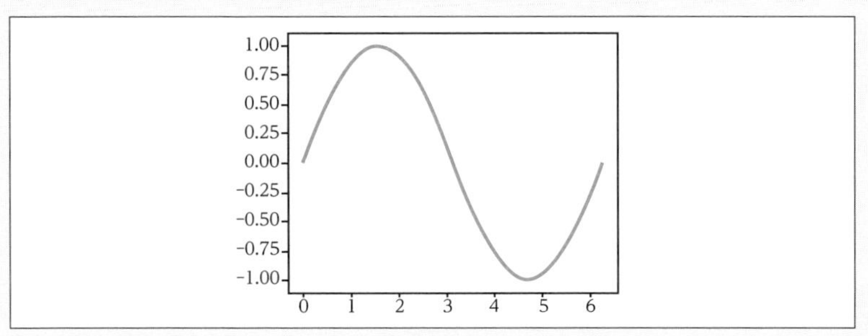

紹介したadd_axesメソッドは追加するAxesの位置と大きさを直接指定できます。しかし、複数のグラフを等間隔で並べたい場合にこのメソッドは不便です。そこで、MatplotlibはAxesを簡単に配置するためのレイアウトマネージャをいくつか提供しています。通常はその中でも使いやすいplt.subplots関数を使用しましょう。この関数はデフォルトでは新しいFigureとAxesを1つ生成します（リスト5.8）。作成したAxesの作図メソッドを呼び出してグラフを描画します。

リスト5.8 plt.subplots関数の使用例

In

```
fig, ax = plt.subplots()
ax.plot(x, np.sinc(x))
ax.plot(x, np.sinc(2 * x))
```

Out

```
[<matplotlib.lines.Line2D at 0x160bfd2ca48>]
```

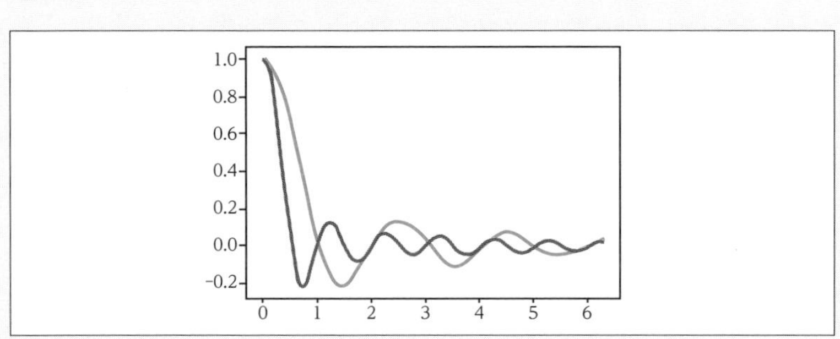

COLUMN

オブジェクト指向スタイル

Matplotlibにはコードの書き方に2つのスタイルがあります。本書で紹介しているのは、オブジェクト指向APIを使用するスタイルです。複雑なグラフも作成しやすいのでこのスタイルでコードを書くことをおすすめします。

5.2.2 様々な作図メソッド

Matplotlibには様々な2次元作図メソッドが実装されています(表5.2)。なお、Matplotlibのすべての作図メソッドはNumPyの配列データからグラフを作成できます。

メソッド	説明
plot	折れ線グラフ
loglog	両対数グラフ
scatter	散布図
bar	縦棒グラフ
errorbar	エラーバーグラフ
hist	ヒストグラム
pie	円グラフ

表5.2 主な2次元作図メソッド

リスト5.9ではloglogメソッドによって両方の軸が対数スケールの折れ線グラフを作成しています。対数グラフはplotメソッドでグラフを作成した後に、スケールを変更するax.set_xscale('log')などを実行して作ることもできます。

リスト5.9 両対数グラフの例

In

```
x = np.logspace(-1, 2, 100)
y = np.exp(x)
```

```
fig, ax = plt.subplots()
ax.loglog(x, y)
ax.grid()
```

Out

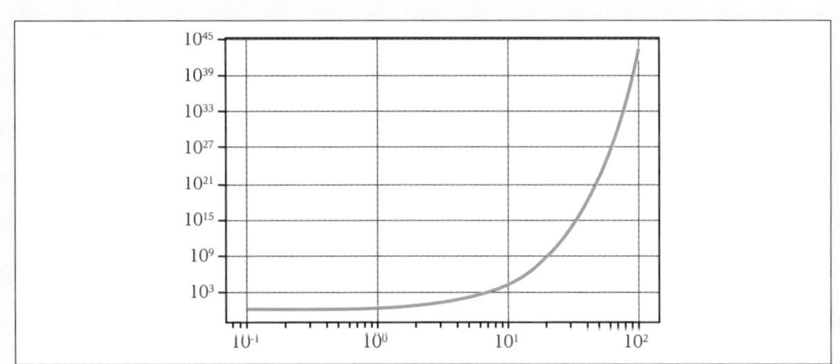

5.2.3 図の保存

作成した図を画像ファイルとして保存するには`fig.savefig`メソッドを使用します。このメソッドにはファイル名や 表5.3 に示すキーワード引数を指定します。

引数	説明
dpi	ドット解像度
facecolor	背景色
format	出力ファイル形式

表5.3 `fig.savefig`メソッドの主なキーワード引数

リスト5.10 を実行すると、Jupyter Notebookを実行中のフォルダに図が保存されます。出力ファイル形式はファイル名の拡張子から判別されますが`format`引数でも指定できます。使用しているバックエンドにより異なりますが、指定できるファイル形式はPNG、JPEG、PDF、SVGなどです。指定がなければ`dpi`には`Figure`の持つ値が使用されます。`facecolor`のデフォルトは白なので、この例では`fig.get_facecolor`メソッドで図の背景色を取得し、それを指定しています。

なお、`plt.subplots`関数に`plt.figure`関数と同じキーワード引数を与えることで、図の大きさや背景色などを設定できます。リスト5.10ではfacecolor引数で図の背景色を設定しています。

また、Matplotlibのオブジェクトの多くには、setメソッドやset_*という名前のメソッドがたくさん用意されています。これらを使うことで各種の詳細を後から設定することもできます。例えばfig.set_facecolor('gray')としても背景色を設定できます。

リスト5.10 fig.savefigメソッドによる図の保存の例

In

```
x = np.linspace(0, 2 * np.pi, 100)
y = np.cos(x)

fig, ax = plt.subplots(facecolor='gray')
ax.plot(x, y)

# 図を保存
fig.savefig(r'savefig.png', facecolor=fig.get_facecolor())
```

Out

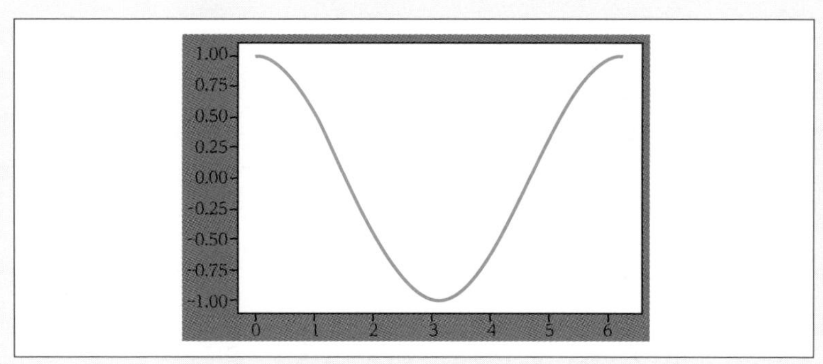

5.3 複数のグラフを並べる

本節では複数のグラフを並べて表示する方法について解説します。

5.3.1 格子状にグラフを並べる

単純に複数のグラフを格子状に並べたい場合にはplt.subplots関数を使用します。この関数に並べたいグラフの行数と列数を指定すると、それに合わせてAxesが作成されます。Axesはグラフの配置に合わせてNumPyの配列にまとめられており、各Axesにはインデキシングでアクセスできます。

リスト5.12では2つのグラフを横に並べています。例のように1行に複数のグラフを並べる場合、作成されるAxesの配列は1次元配列です。各Axesをaxs[0]のように取得し、作図メソッドを呼び出します。

リスト5.12のようにsubplot_kw引数を使用すると、作成するAxesすべてに対して各種の詳細を設定できます。ここではすべてのグラフの背景色を'aqua'に設定しています。

リスト5.11 matplotlib.pyplotのインポート

In

```
import matplotlib.pyplot as plt
```

リスト5.12 plt.subplots関数の例①

In

```
import numpy as np

x = np.linspace(0, 2 * np.pi, 100)

# グラフを 1 行 2 列に並べる
# axs は NumPy の配列
fig, axs = plt.subplots(1, 2, figsize=(8, 4),
                        facecolor='gray',
```

```
                              subplot_kw={'facecolor': 'aqua'})

# 各グラフを描画
axs[0].plot(x, np.sin(x))
axs[1].plot(x, np.cos(x))
```

Out

```
[<matplotlib.lines.Line2D at 0x160bfee9308>]
```

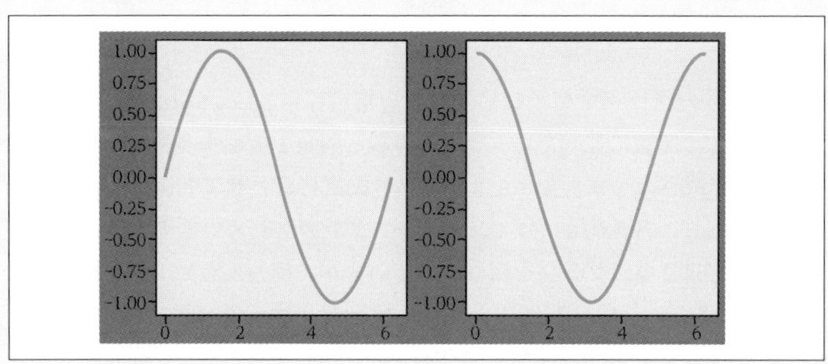

ラベルやタイトルが描画領域の外に出てしまう場合などに、グラフの位置や大きさを調整したいことがあります。plt.subplots関数にconstrained_layout=Trueかtight_layout=Trueと指定すると、グラフ同士の間隔やグラフ周りの余白が適切になるよう、レイアウトが自動的に調整されます（リスト5.13）。constrained_layoutの方が高機能ですが、本書の執筆時点ではテスト段階なので、今後に動作などが変更される可能性があります。

さらにグラフ同士の間隔などを調整したい場合はfig.set_constrained_layout_padsメソッドを使用します。グラフ同士の間隔はhspaceとwspace引数、グラフ周りの余白量はh_padとw_pad引数にインチ単位で指定します。

なお、constrained_layoutなどを使わない場合はfig.subplots_adjustメソッドを使って余白などを調整します。

リスト5.13 plt.subplots関数の例②

In

```
fig, axs = plt.subplots(1, 2, figsize=(8, 4),
                        constrained_layout=True)
```

```
# constrained_layout を使用することでラベルが重ならない
axs[0].plot(x, np.sin(x))
axs[0].set_ylabel('ylabel')
axs[1].plot(x, np.cos(x))
axs[1].set_ylabel('ylabel')
```

Out

```
Text(0, 0.5, 'ylabel')
```

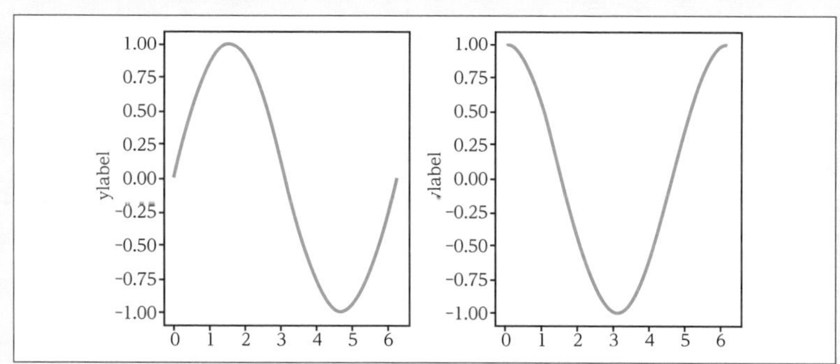

リスト5.14のようにグラフを2行以上に並べることもできます。この場合はaxs[0, 0]のように行と列のインデックスを指定してグラフを作成していきます。sharexとsharey引数を使うことで、複数のグラフで目盛を共有させることができます。

リスト5.14 plt.subplots関数の例③

In

```
# グラフを 2 行 2 列に並べる
fig, axs = plt.subplots(2, 2, figsize=(8, 6),
                        sharex=True, sharey=True,
                        constrained_layout=True)

# 各グラフを描画
axs[0, 0].plot(np.sin(x), np.cos(x))
axs[0, 1].plot(np.sin(x), np.cos(2 * x))
axs[1, 0].plot(np.sin(x), np.cos(3 * x))
axs[1, 1].plot(np.sin(x), np.cos(4 * x))
```

```
# for 文を使った高度な書き方
# for i, ax in enumerate(axs.flat, 1):
#     ax.plot(np.sin(x), np.cos(i * x))
```


Out

```
[<matplotlib.lines.Line2D at 0x160c01e19c8>]
```

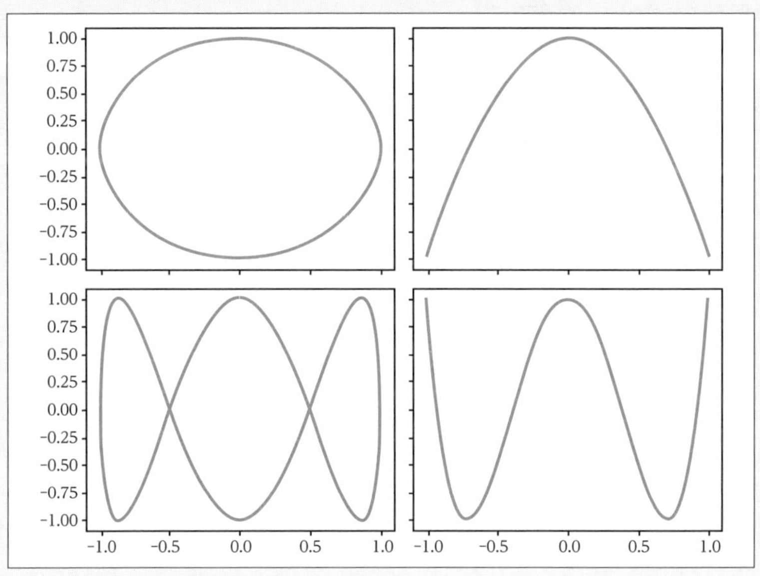

5.3.2 複雑なレイアウト

ここではplt.subplots関数では作成できないような、複雑なレイアウトでグラフを並べる方法を紹介します。

リスト5.15のようにfig.add_gridspecメソッドを呼び出すとGridSpecオブジェクトが作成されます。一旦全体の領域を格子状に分割したと考え、その行数と列数を引数に指定します。この例では全体を2行3列に分割したと考えます。さらに、分割した領域の大きさの比率をwidth_ratiosとheight_ratios引数で設定できます。ここでは幅の比を1:1:2、高さの比を1:3としています。

そして、作成したGridSpecオブジェクトを用いて、分割したどの領域を使ってグラフを作成するかを指定します。例えばgs[:, 2]は3列目のすべての行にまたがってグラフを作成します。

リスト5.15 fig.add_gridspecメソッドの例

In

```
fig = plt.figure(figsize=(8, 6), constrained_layout=True)

# GridSpec オブジェクトを作成
gs = fig.add_gridspec(2, 3, width_ratios=[1, 1, 2],
                      height_ratios=[1, 3])

# Axes オブジェクトを作成
ax1 = fig.add_subplot(gs[0, 0])
ax2 = fig.add_subplot(gs[0, 1])
ax3 = fig.add_subplot(gs[1, :2])
ax4 = fig.add_subplot(gs[:, 2])

ax1.set_title('gs[0, 0]')
ax2.set_title('gs[0, 1]')
ax3.set_title('gs[1, :2]')
ax4.set_title('gs[:, 2]')
```

Out

```
Text(0.5, 1.0, 'gs[:, 2]')
```

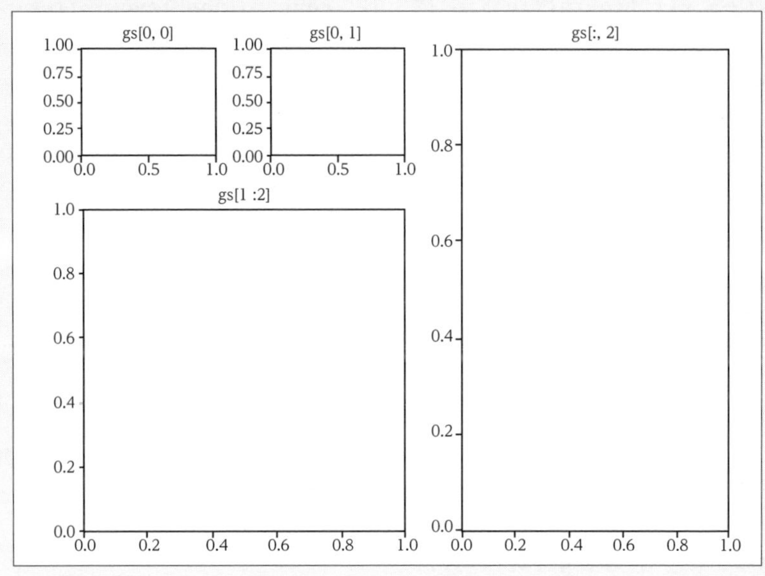

リスト5.16のようにplt.subplots関数でも各グラフの幅と高さの比率を設定できます。辞書としてwidth_ratiosやheight_ratiosの値をまとめ、それをgridspec_kw引数に渡します。

リスト5.16 subplots関数でグラフの幅と高さの比率を設定

In

```
gs_kw = {'width_ratios': [1, 3], 'height_ratios': [1, 2]}
fig, axs = plt.subplots(2, 2, figsize=(8, 6),
                        gridspec_kw=gs_kw,
                        constrained_layout=True)
```

Out

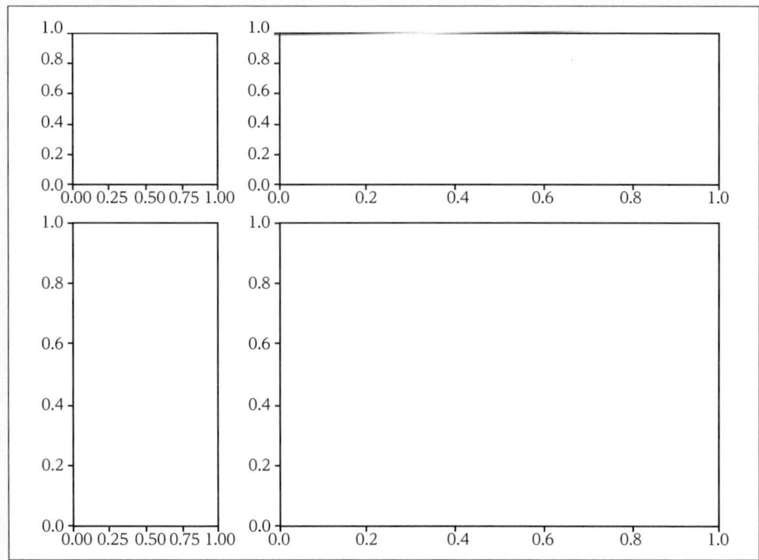

5.4 線やマーカーの設定

本節ではグラフの線やマーカーのスタイルを設定する方法を解説します。

5.4.1 線のスタイル

作成するグラフの線やマーカーのスタイルは、各作図メソッドの引数から設定できます。ここではplotメソッドを例に、それらの設定方法を解説していきます。

リスト5.18では線の種類と幅を設定しています。plotメソッドの引数に線種の指定文字(例：'--')を渡します。また、線の幅はlw引数で設定します。

リスト5.17 matplotlib.pyplotのインポート

In

```
import matplotlib.pyplot as plt
```

リスト5.18 線の種類、幅の設定例

In

```
import numpy as np

x = np.linspace(0, 2 * np.pi, 100)
y = np.sin(x)
y1 = y + 1
y2 = y + 2

fig, ax = plt.subplots(constrained_layout=True)
ax.plot(x, y, '-.', lw=1.5, label='dashdot')
ax.plot(x, y1, '--', lw=2.5, label='dashed')
ax.plot(x, y2, ':', lw=4, label='dotted')
ax.legend()
```

Out

```
<matplotlib.legend.Legend at 0x160bfde1f48>
```

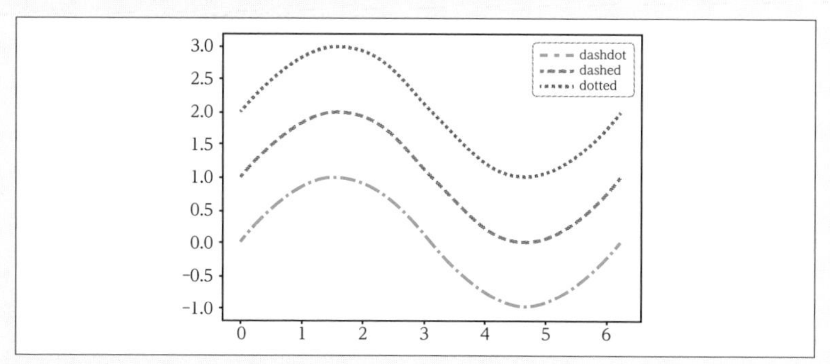

同じ座標系にグラフを重ねて描いていく場合、線は自動で色分けされます。線の色は設定されたカラーサイクルに従って循環します。カラーサイクルは`plt.rcParams['axes.prop_cycle']`から確認、設定できます。デフォルトではTableauというツールで開発された10色のカラーパレットが使われています。

線の色は主要な色(例：`'k'`)や、カラーサイクルのインデックス(例：`'C1'`)の指定文字で指定できます。これらは`'k--'`のように、線種の指定文字とまとめて書くことができます(リスト5.19)。

ほかにはグレーの色合い(例：`'0.5'`)、X11/CSS4で定義された色名(例：`'gray'`)、デフォルトカラーサイクルの色(例：`'tab:blue'`)なども指定できます。色の指定は`c`引数でも行え、この場合はRGB値を表すタプル(例:`(0, 0, 1)`)も使えます。

リスト5.19 線の色の設定例

In

```
fig, ax = plt.subplots(constrained_layout=True)
ax.plot(x, y, 'k--')
ax.plot(x, y1, c=(0, 0, 1))
ax.plot(x, y2, 'gray')
```

Out

```
[<matplotlib.lines.Line2D at 0x160bfee38c8>]
```

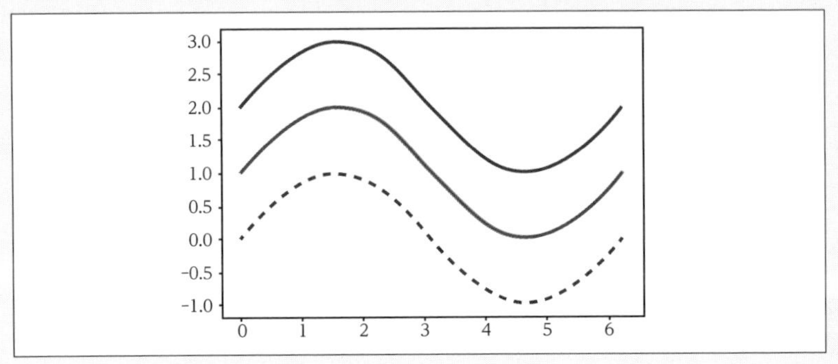

5.4.2 マーカーのスタイル

折れ線グラフにはデータ点を目立たせるためにマーカーを付けられます(リスト5.20)。表5.4に指定できるマーカーの一例を示します。マーカーの指定文字も線の色や線種とまとめて記述でき、色の指定文字の後に書きます。

指定文字	マーカー
'o'	円
's'	四角形
'*'	星
'D'	ダイヤモンド
'v'	下向き三角形

表5.4 マーカーの一例

marker引数からもマーカーを指定できます。marker引数にはr'$¥clubsuit$のようにしてLaTeXの記号も使えます。また、マーカーは大きさ(ms)、塗り潰しの色(mfc)、縁の幅(mew)、縁の色(mec)を指定できます。

リスト5.20 マーカーの設定例

In

```
fig, ax = plt.subplots(constrained_layout=True)
ax.plot(x[::10], y[::10], 'o',
        ms=10, mfc='w', mew=2, mec='b')
ax.plot(x[::10], y1[::10], '*--', c='0.5', ms=15)
ax.plot(x[::10], y2[::10], 'k:',
        marker=r'$¥clubsuit$', ms=15)
```

Out

```
[<matplotlib.lines.Line2D at 0x160c153aa08>]
```

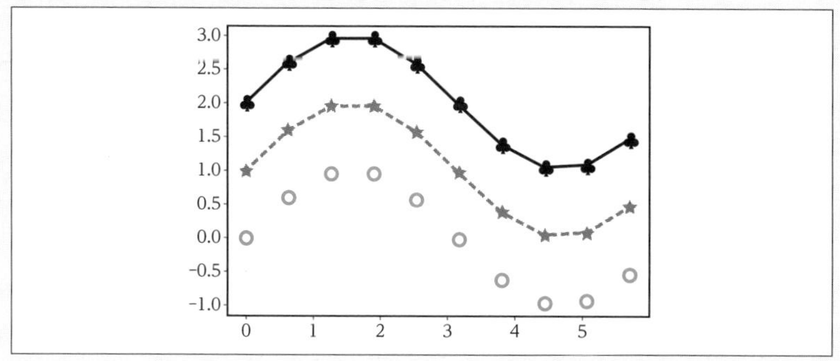

5.5 文字による説明を加える

本節ではグラフにラベル、タイトル、凡例といった文字による説明を加える方法を解説します。

5.5.1 日本語を使う

Matplotlibで日本語を表示するには、フォントに日本語フォントを指定する必要があります。リスト5.21を実行すると利用できるフォントの一覧が得られるので、その中から日本語フォントを選びます。Windows 10には游明朝(Yu Mincho)や游ゴシック(Yu Gothic)といった日本語フォントがあらかじめインストールされています。

なお、システムに新しくインストールしたフォントが利用できないことがあれば、`fm._rebuild()`を実行してください。フォントキャッシュが再構築され、インストールしたフォントを使えるようになります。

リスト5.21 フォントの一覧を表示

In

```
import matplotlib.font_manager as fm


fpaths = fm.findSystemFonts()
fnames = [f.name for f in fm.createFontList(fpaths)]
# 長いので 5 個だけ表示
fnames[:5]
```

Out

```
['Bookman Old Style', ➡
 'Lucida Bright', ➡
 'Calibri', ➡
 'Carlito', ➡
 'Gloucester MT Extra Condensed'] ➡
```

フォントの設定もplt.rcParamsから行えます。リスト5.23のように設定すると、デフォルトのフォントに游明朝が使われるようになります。

グラフの任意の箇所にテキストを表示するのがtextメソッドとannotateメソッドです。annotateメソッドの方は矢印付きの注釈を作成することもできます。

リスト5.22 matplotlib.pyplotのインポート

In

```
import matplotlib.pyplot as plt
```

リスト5.23 日本語フォントの使用例

In

```
import numpy as np

x = np.linspace(0, 2 * np.pi, 100)
y = np.exp(-x) * np.sin(x)

# 日本語フォントを使用する
plt.rcParams['font.family'] = 'Yu Mincho'

fig, ax = plt.subplots(constrained_layout=True)
ax.plot(x, y)
ax.grid()

# 日本語でテキストを描画
ax.annotate('日本語のテキスト', xy=(3, 0.15),
            fontsize=18, c='b')
```

Out

```
Text(3, 0.15, '日本語のテキスト')
```

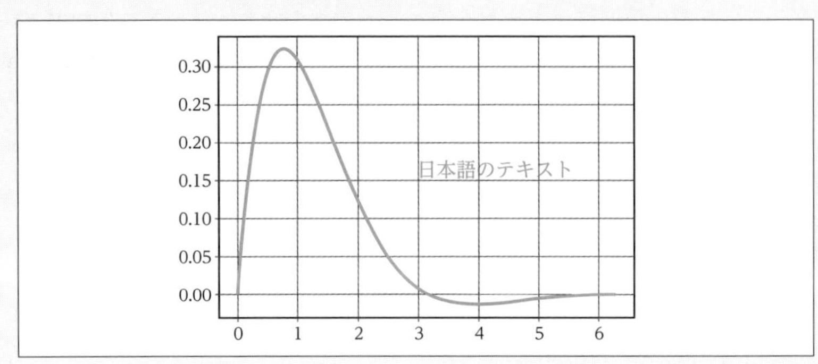

5.5.2 軸ラベルとタイトル

座標軸のラベルやグラフタイトルといったAxesに関する要素はset_*メソッドで作成できます(リスト5.24)。座標軸のラベルはset_xlabelとset_ylabelメソッド、グラフのタイトルはset_titleメソッドで作成します。また、図全体のタイトルを作成したいときはfig.suptitleメソッドを使用します。これらでは使用するフォントをfontname引数で設定できます。また、フォントの設定をまとめたい場合は、辞書で指定するfontdict引数が便利です。

そのほか、文字列の中で$記号で囲んだ範囲はLaTeXの数式モードの扱いになり、数学記号や数式を記述することができます。LaTeXのコマンドを記述する場合は¥記号がエスケープ文字と解釈されないようにraw文字列で記述します。

リスト5.24 軸ラベルとタイトルの設定例

In

```
x = np.linspace(0, 2 * np.pi, 100)
y1 = np.sin(x)
y2 = np.cos(x)

fig, axs = plt.subplots(2, 1, constrained_layout=True)
axs[0].plot(x, y1)
axs[1].plot(x, y2)

# 個別にフォントを設定
fig.suptitle('計測結果', fontname='Meiryo', fontsize=18)
# フォントの設定をまとめる
font = {'family': 'Segoe UI', 'size': 14}
axs[0].set_title('No.1', fontdict=font)
axs[1].set_title('No.2', fontdict=font)
# LaTeX のコマンドを使用
axs[1].set_xlabel(r'$t¥ [¥mathrm{s}]$')
axs[0].set_ylabel(r'$x¥ [¥mathrm{m}]$')
axs[1].set_ylabel(r'$x¥ [¥mathrm{m}]$')
```

Out

```
Text(0, 0.5, '$x¥¥ [¥¥mathrm{m}]$')
```

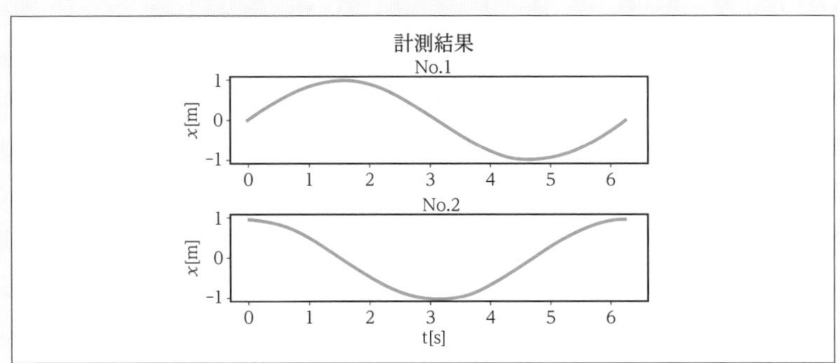

5.5.3 凡例

複数のグラフを重ねた場合、どの線がどのデータを表しているのかわかるように凡例を書く必要があります。凡例の文字列は作図メソッドの`label`引数で指定しておきます。`legend`メソッドを呼び出すと凡例が表示され、その引数から凡例の表示位置やスタイルを指定できます。表示位置の指定がなければ、凡例はできるだけグラフと重ならない位置に表示されます（リスト5.25）。

リスト5.25 凡例の設定例

In

```
x = np.linspace(-np.pi, np.pi, 100)
y1 = np.sinc(x)
y2 = np.sinc(2 * x)

fig, ax = plt.subplots(constrained_layout=True)
ax.plot(x, y1, label=r'$¥mathrm{sinc}(x)$')
ax.plot(x, y2, label=r'$¥mathrm{sinc}(2x)$')
# 凡例の描画
ax.legend(fontsize=12)
```

Out

```
<matplotlib.legend.Legend at 0x160c17137c8>
```

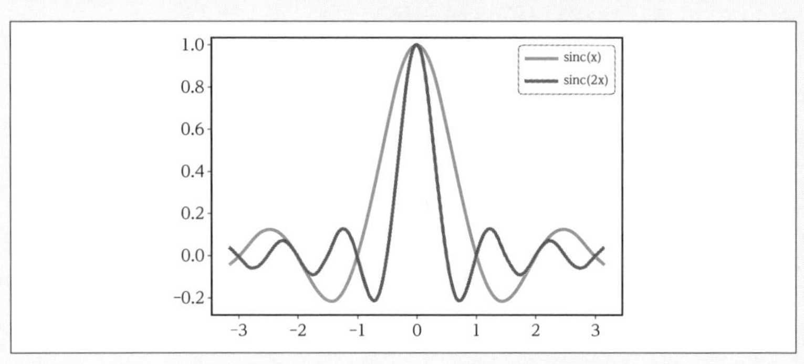

凡例を任意の位置に作成するには`bbox_to_anchor`引数を使用します。`Axes`の座標系の左下を基準、右上を`(1, 1)`として、凡例の枠の位置を指定します。凡例の枠は右上が基準点になっていますが、それを`loc`引数で変更する

こともできます。

リスト5.26のようにすると座標系の外に凡例を表示できます。ここでは凡例の枠の基準点を左上にし、その位置を(1.03, 1)と設定しています。枠の基準点と、指定した位置の間には余白があるので、それをborderaxespad引数で0にしておくと位置を調整しやすくなります。

リスト5.26 グラフの外への凡例の配置

In

```
fig, ax = plt.subplots(constrained_layout=True)
ax.plot(x, y1, label=r'$¥mathrm{sinc}(x)$')
ax.plot(x, y2, label=r'$¥mathrm{sinc}(2x)$')
ax.legend(loc='upper left', bbox_to_anchor=(1.03, 1),
          borderaxespad=0)
```

Out

```
<matplotlib.legend.Legend at 0x160c178ab88>
```

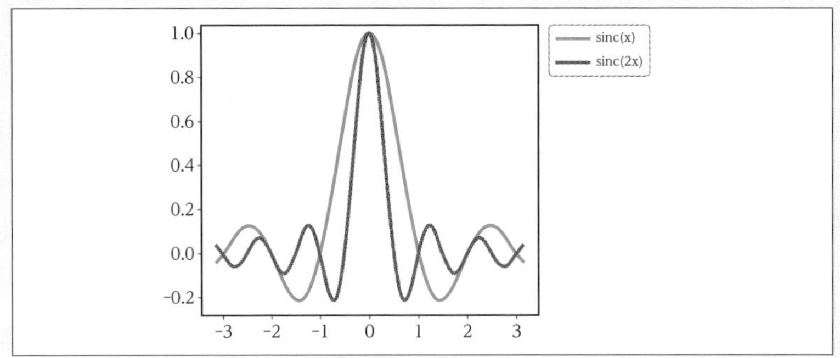

5.6 軸の設定

本節では Axes の座標軸に関する設定について解説します。

5.6.1 軸の追加

グラフにスケールの異なる軸を追加するにはsecondary_xaxisとsecondary_yaxisメソッドを使用します。このメソッドには軸の値を変換する関数と、それに対する逆関数を指定します。リスト5.28の例では、ミリメートル[mm]からインチ[in]に単位換算した軸を枠の上部に追加しています。

リスト5.27 matplotlib.pyplotのインポート

In

```
import matplotlib.pyplot as plt
```

リスト5.28 secondary_xaxisメソッドの例

In

```
import numpy as np

x = np.linspace(0, 10, 100)
y = np.sinc(x)

fig, ax = plt.subplots(constrained_layout=True)
ax.plot(x, y)
ax.set_xlabel(r'$x¥ [¥mathrm{mm}]$')

# スケール変換の関数と逆関数を定義
# 1 [in] = 25.4 [mm]
def mm2inch(x):
    return x / 25.4
```

```
def inch2mm(x):
    return x * 25.4


# 枠の上部に 2 番目の軸を作成
secax = ax.secondary_xaxis('top',
                           functions=(mm2inch, inch2mm))
secax.set_xlabel(r'$x¥ [¥mathrm{in}]$')
```

Out

```
Text(0.5, 0, '$x¥¥ [¥¥mathrm{in}]$')
```

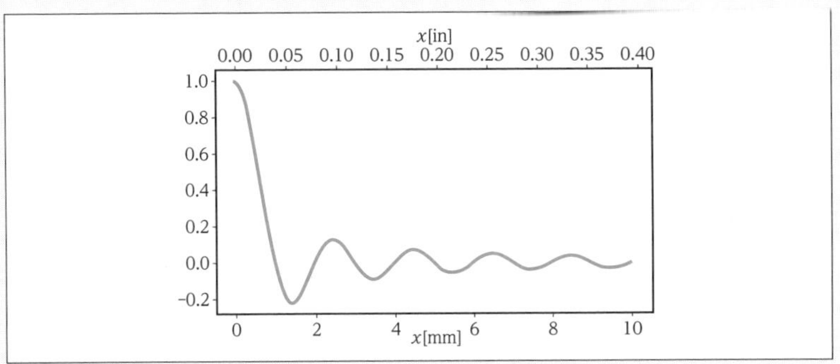

複数のグラフを重ねて描画する場合に、x軸は共有させつつ、y軸は別のスケールで表示させたいことがあります。Axesのtwinxメソッドを呼び出すと、グラフの右側にy軸を持つAxesが新しく作られます（リスト5.29）。同様にtwinyメソッドを用いれば、グラフの上側にx軸を持つグラフを作成できます。

リスト5.29 twinxメソッドの例

In

```
fig, ax = plt.subplots(constrained_layout=True)
ax.plot(x, np.sin(x))

# x 軸を共有する Axes を作成
ax2 = ax.twinx()
ax2.plot(x, np.exp(x), 'C1')
```

```
# 目盛の色の設定
ax.tick_params(axis='y', labelcolor='C0')
ax2.tick_params(axis='y', labelcolor='C1')
```

Out

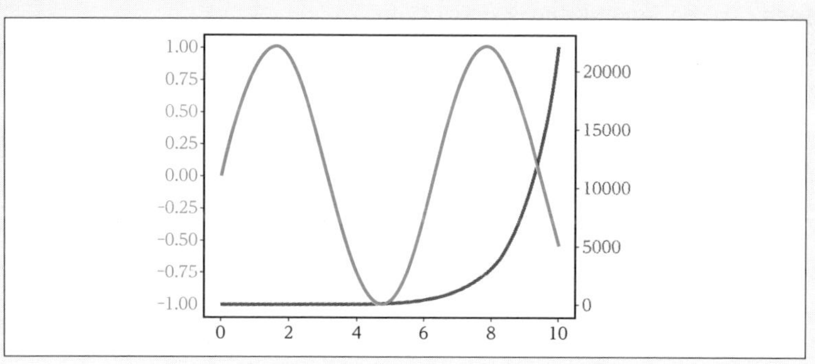

5.6.2　軸の範囲

デフォルトでは軸の範囲（x軸とy軸の最小値と最大値）は描画するデータを元に自動的に設定されます。これを手動で設定したい場合はset_xlimメソッドやset_ylimメソッドを使います。引数には各軸の最小値と最大値をリストにまとめて渡します（リスト5.30）。

また、両方の軸の範囲を一括して設定できるaxisメソッドが用意されています。axisメソッドに'equal'と指定すると、軸の単位長さが等しくなるように軸の範囲が変更されます。'scaled'は軸の長さを変更して軸の単位長さを等しくし、'square'は単に両方の軸の長さを揃えます。

軸の範囲をデータの範囲と合わせるにはautoscaleメソッドを使います。リスト5.30のようにtight=Trueと指定すれば、両方の軸の範囲がデータの範囲と一致します。

リスト5.30 axisメソッドの例

In

```
x = np.linspace(0, 2 * np.pi, 100)
y = 1.1 * x * np.sin(x)
```

```
fig, axs = plt.subplots(2, 2, figsize=(8, 6),
                        constrained_layout=True)
axs[0, 0].plot(x, y)
axs[0, 0].set_title('Default')
axs[0, 0].grid()

# 軸の範囲を数値で設定
axs[0, 1].plot(x, y)
axs[0, 1].axis([-1, 8, -6, 3])
# set_xlim と set_ylim を使う場合
# axs[1].set_xlim([-1, 8])
# axs[1].set_ylim([-6, 3])
axs[0, 1].set_title('[-1, 8, -6, 3]')
axs[0, 1].grid()

# 'scaled' で軸の単位長さを揃える
axs[1, 0].plot(x, y)
axs[1, 0].axis('scaled')
axs[1, 0].set_title('scaled')
axs[1, 0].grid()

# 軸の範囲をデータの範囲と一致させる
axs[1, 1].plot(x, y)
axs[1, 1].axis('scaled')
axs[1, 1].autoscale(tight=True)
axs[1, 1].set_title('scaled, tight')
axs[1, 1].grid()
```

Out

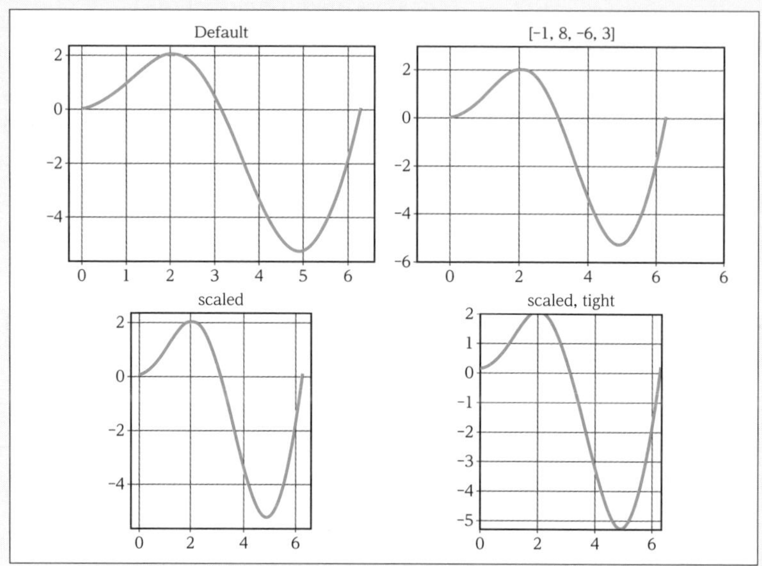

軸のアスペクト比(縦横比)を設定するためにset_aspectメソッドが用意されています。指定する比率は軸の単位長さの比率なので注意してください。第2引数に'datalim'を指定すると軸の範囲だけが変更されます。なお、リスト5.31のようにax.get_data_ratioメソッドを用いることで、軸の長さの比率を設定することもできます。

リスト5.31 set_aspectメソッドの例

In

```
fig, axs = plt.subplots(1, 2, figsize=(8, 4),
                        constrained_layout=True)

# 縦 / 横
ratio = 1 / 2

# 軸の単位長さの比率が 2:1
axs[0].plot(x, y)
axs[0].set_aspect(ratio, 'datalim')
axs[0].grid()
```

```
# 軸の長さの比率が 2:1
axs[1].plot(x, y)
axs[1].set_aspect(ratio / axs[1].get_data_ratio())
axs[1].grid()
```

Out

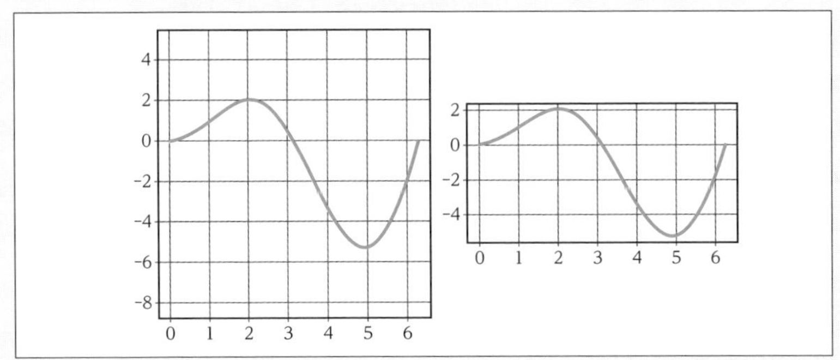

5.6.3 目盛

Matplotlibには軸の目盛を設定するためのtickerモジュールが用意されています。目盛には主目盛(大きい目盛)と補助目盛(小さい目盛)の2つがあり、デフォルトでは主目盛とそのラベルが表示されます。

目盛の配置はtickerモジュールの様々なクラスを使って指定できます。目盛の最大数を指定するMaxNLocatorクラス、目盛の間隔を指定するMultipleLocatorクラス、目盛の座標を指定するFixedLocatorクラスなどがよく使われます。リスト5.32のように目盛を設定する軸をxaxisとyaxis属性で選び、主目盛と補助目盛の配置をset_major_locatorとset_minor_locatorメソッドで設定します。

主目盛の配置を座標指定で設定するためのset_xticksとset_yticksメソッドも使えます。また、主目盛のラベルをset_xtickslabelsとset_ytickslabelsメソッドで設定できます。

リスト5.32 目盛配置の設定の例

In

```
from matplotlib.ticker import MaxNLocator, MultipleLocator

x = np.linspace(0, 2 * np.pi, 100)
y = np.sin(x)

fig, axs = plt.subplots(1, 2, figsize=(8, 4),
                        constrained_layout=True)
axs[0].plot(x, y)
# x 軸の主目盛を最大 7 個に設定
axs[0].xaxis.set_major_locator(MaxNLocator(7))
# y 軸の補助目盛を 0.05 間隔に設定
axs[0].yaxis.set_minor_locator(MultipleLocator(0.05))

# set_xticks メソッドによる設定
axs[1].plot(x, y)
axs[1].set_xticks([0, np.pi, 2 * np.pi])
axs[1].set_xticklabels([0, r'$¥pi$', r'$2¥pi$'])
```

Out

```
[Text(0, 0, '0'), Text(0, 0, '$¥¥pi$'), Text(0, 0, '$2¥¥
pi$')]
```

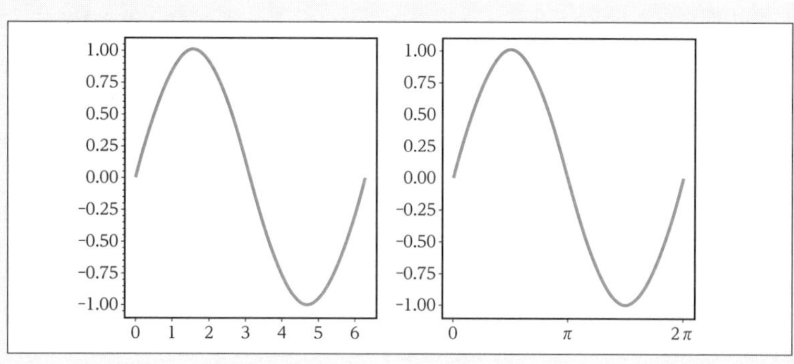

プロットするデータの桁数が大きいと、目盛の値には指数表記が使われたり、+1e2のようなオフセット量が表示されます。目盛ラベルのデフォルトの表示形

式はticklabel_formatメソッドを使って変更できます。リスト5.33ではx軸でのオフセット使用を無効にし、y軸の指数表記を数学のスタイル(1×10^7)に変更しています。

リスト5.33 目盛ラベルの形式を変更

In

```
x = np.linspace(100.01, 100.1, 100)
y = 1e5 * x

fig, axs = plt.subplots(1, 2, figsize=(8, 4),
                        constrained_layout=True)
axs[0].plot(x, y)
axs[1].plot(x, y)
axs[1].ticklabel_format(useOffset=False, useMathText=True)
```

Out

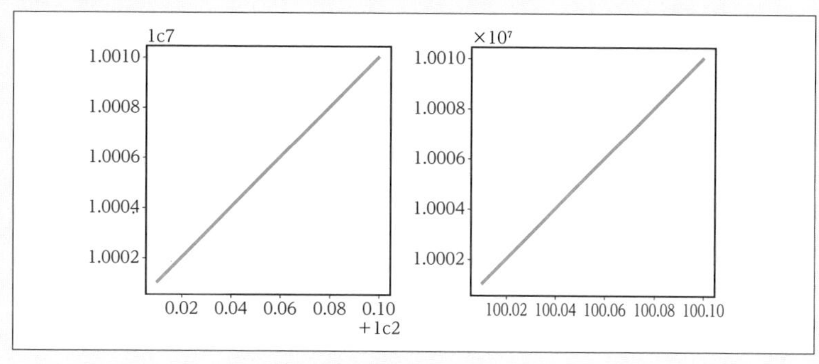

目盛ラベルの形式をより詳細に設定するにはtickerモジュールの各種クラスを使用します。例えば、リスト5.34で使用しているPercentFormatterクラスは数値を指定の基準値に対する比率で表示し、EngFormatterクラスは数値に単位を付けて表示します。主目盛と補助目盛に対して、それぞれset_major_formatterとset_minor_formatterメソッドを使って設定を適用します。

リスト5.34 tickerモジュールによる目盛ラベルの設定例

In

```
from matplotlib.ticker import PercentFormatter, ➡
EngFormatter

x = np.linspace(0, 6, 100)
y = np.logspace(-2, 0, 100)

fig, axs = plt.subplots(1, 2, figsize=(8, 4),
                        constrained_layout=True)

# 最大値に対する割合で表示
axs[0].plot(x, y)
axs[0].yaxis.set_major_formatter(PercentFormatter(max(y)))

# 単位を付ける
axs[1].plot(x, y)
axs[1].yaxis.set_major_formatter(EngFormatter(unit='V'))
```

Out

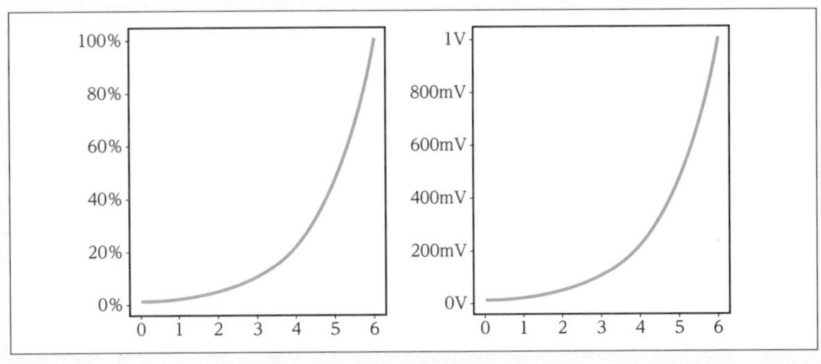

目盛線は軸の目盛から引かれる線で、目盛線を表示すればグラフから値を読み取りやすくなります。目盛線の表示と設定にはgridメソッドを使用します。デフォルトでは両方の軸の主目盛線が表示されます。どの目盛線を表示するかはaxis引数とwhich引数によって選択できます。リスト5.35では主目盛線を実線で、補助目盛線を破線で表示しています。

リスト5.35 目盛線の表示例

In

```
x = np.linspace(0, 2 * np.pi, 100)
y = np.sin(x)

fig, ax = plt.subplots(constrained_layout=True)
ax.plot(x, y)

ax.xaxis.set_major_locator(MultipleLocator(1))
ax.xaxis.set_minor_locator(MultipleLocator(0.5))
ax.yaxis.set_major_locator(MultipleLocator(0.5))
ax.yaxis.set_minor_locator(MultipleLocator(0.25))

# 主目盛の目盛線の設定
ax.grid(which='major', c='b', lw=0.3)
# 補助目盛の目盛線の設定
ax.grid(which='minor', ls='--')
```

Out

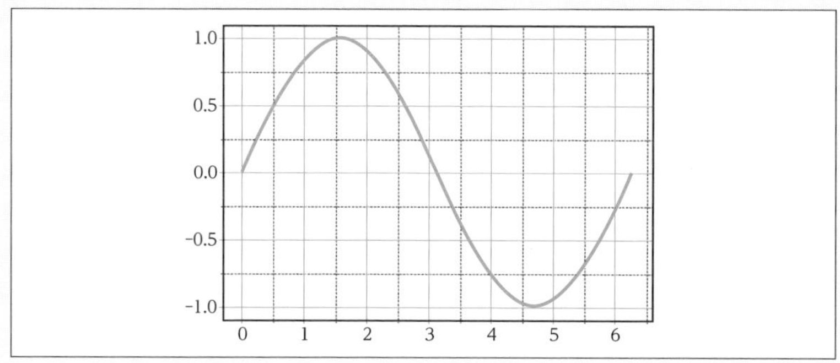

5.6.4 スパイン

グラフ領域の枠にもなっている、目盛を表示するための線のことをMatplotlibではスパインと呼んでいます。上下左右のスパインにはspines属性を使ってアクセスし、スパインの位置やスタイルを設定します。リスト5.36では右と上のスパインは消去し、下のスパインを真ん中に移動させています。

リスト5.36 スパインの設定例

In

```
x = np.linspace(0, 2*np.pi, 50)
y = np.sin(x)

fig, ax = plt.subplots()
ax.plot(x, y)

# 右と上のスパインを非表示
ax.spines['right'].set_color('none')
ax.spines['top'].set_color('none')
# 下のスパインを真ん中に移動
ax.spines['bottom'].set_position(('data', 0))
```

Out

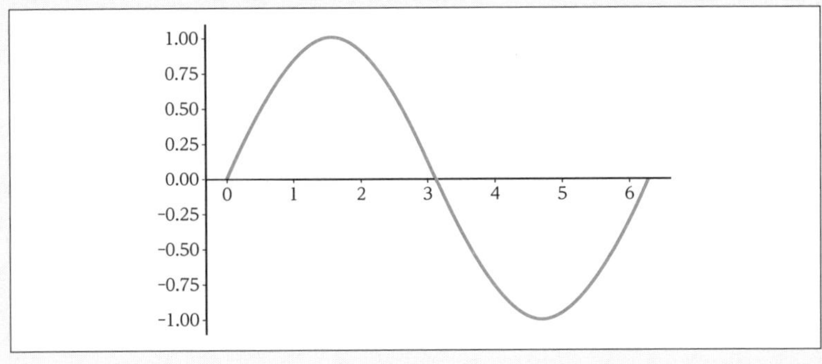

5.7 3次元データのグラフを作成する

本節では3次元データを2次元グラフで可視化する方法と、z軸を持つ3次元グラフの作成方法を説明します。

5.7.1 2次元グラフでの可視化

Matplotlibではz座標のデータも加えた3次元データのグラフも作成できます。2変数関数$z = f(x, y)$のグラフを作成するために、まずはxとyの変数域を設定し、np.meshgrid関数を用いてxy平面上での格子点を表す配列を作成します。リスト5.37のように、xとyの変数域を表す配列をnp.meshgrid関数に渡すと、2つの配列XとYが作成されます。Xはxを行としてyの要素数だけ並べたもので、一方のYはyを列としてxの要素数だけ並べたものです。

リスト5.37 np.meshgrid関数の例

In

```
import numpy as np

# [0, 1, 2, 3]
x = np.arange(0, 4)
# [0, 1, 2]
y = np.arange(0, 3)

X, Y = np.meshgrid(x, y)
# Y, X = np.mgrid[0:2:3j, 0:3:4j] でも可

print(X)
print(Y)
```

Out

```
[[0 1 2 3]
 [0 1 2 3]
 [0 1 2 3]]
[[0 0 0 0]
 [1 1 1 1]
 [2 2 2 2]]
```

作成したXとYをプロットすると、xy平面上の格子点が表示されます(リスト5.39)。つまり、格子点のx座標とy座標をまとめた配列がXとYだということがわかります。このXとYを用いて2変数関数を計算し、3次元グラフを作成します。

リスト5.38 matplotlib.pyplotのインポート

In

```
import matplotlib.pyplot as plt
```

リスト5.39 格子点の確認

In

```
fig, ax = plt.subplots(constrained_layout=True)
plt.plot(X, Y, 'ko')
plt.grid()
```

Out

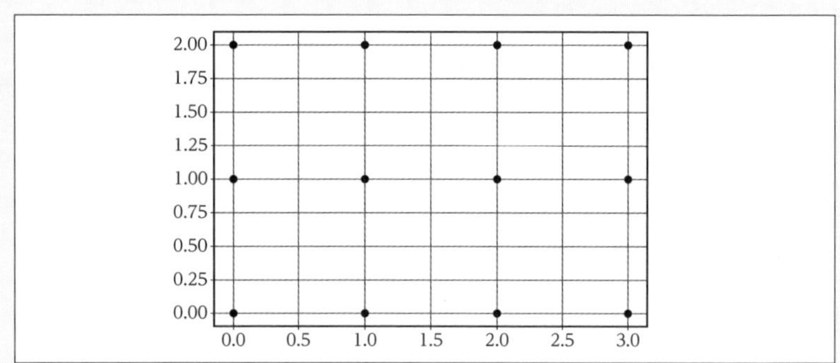

2次元グラフ上で3次元データを可視化するにはコンター図などを使います。リスト5.40で使用しているcontourfメソッドは塗り潰したコンター図を作成し

ます。

使用するカラーマップをcmap引数で指定します。カラーマップは数値と色(RGBA)の対応を定めたもので、Matplotlibにはあらかじめ多くのカラーマップが用意されています。デフォルトのviridisやcvidis、twilightなどは、色の値の変化と、人間がそれを見たときに感じられる変化が等しい(知覚的に均等な)カラーマップです。

グラフにカラーバーを追加するにはcolorbarメソッドを使用します。このメソッドの第1引数に、カラーマップを使う作図メソッドが返したオブジェクトを渡します。

リスト5.40 contourfメソッドの例

In

```
coords = np.linspace(0, 2 * np.pi, 100)
X, Y = np.meshgrid(coords, coords)
Z = np.sin(X) * np.cos(Y)

fig, ax = plt.subplots(constrained_layout=True,
                       subplot_kw=dict(aspect='equal'))

#  コンター図とカラーバーの作成
cs = ax.contourf(X, Y, Z, cmap='cividis')
cb = fig.colorbar(cs)

ax.set_xlabel(r'$x$')
ax.set_ylabel(r'$y$')
cb.set_label(r'$z$')
```

Out

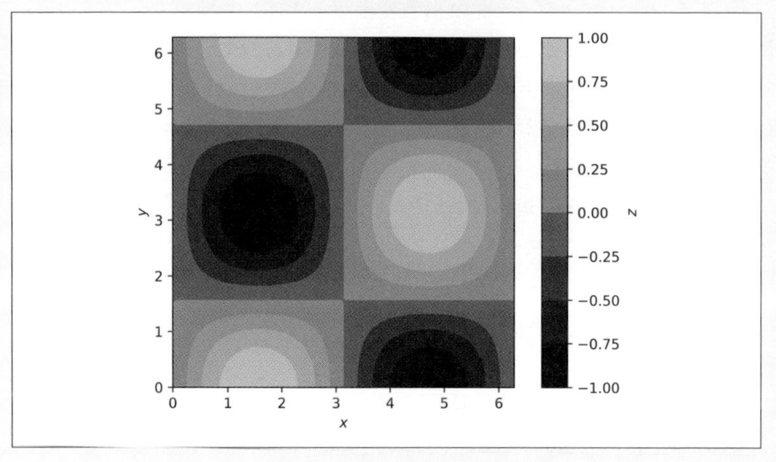

5.7.2 3次元グラフ

Matplotlibでは3次元グラフも作成できます。最初にAxes3Dクラスをインポートしておき、add_subplotメソッドの引数にprojection='3d'と指定すると3次元座標のAxesオブジェクトが作成されます。subplotsメソッドを使う場合はsubplot_kw引数で同様の設定を行います。

リスト5.41ではplot_surfaceメソッドを使って3次元のグラフを作成しています。3次元グラフでも2次元グラフと同じ方法で軸やラベルを設定できます。例えば、z軸のラベルはset_zlabelで設定します。

複数グラフを並べた場合には、カラーバーの配置箇所を指定できます。colorbarメソッドのax引数に指定したグラフ領域の側にカラーバーが配置されます。

リスト5.41では面を消してワイヤフレームだけに色を付ける方法も紹介しています。カラーマップは0から1の範囲の数値に対して色を定めています。データの範囲を0から1に変換することを正規化といい、この例では正規化したデータに対応する色のリストを作り、それをfacecolors引数に渡しています。そして、後から面の色を設定するset_facecolorメソッドを使って面の色を透明にし、ワイヤフレームだけ見えるようにしています。

リスト5.41の最後で呼び出しているset_proj_typeメソッドでは、投影法をデフォルトの透視投影から正投影に変更しています。

リスト5.41 plot_surfaceメソッドの例

In

```
from mpl_toolkits.mplot3d import Axes3D

coords = np.linspace(-2, 2, 100)
X, Y = np.meshgrid(coords, coords)
Z = np.exp(-(X ** 2 + Y ** 2))

fig, axs = plt.subplots(1, 2, figsize=(8, 4),
                        constrained_layout=True,
                        subplot_kw={'projection': '3d'})

# 基本的な 3 次元グラフの作成方法
surf = axs[0].plot_surface(X, Y, Z, rstride=5, cstride=5,
                           cmap='cividis')
fig.colorbar(surf, ax=axs[0], shrink=0.6)

# ワイヤフレームだけに色を付ける例
norm = plt.Normalize(Z.min(), Z.max())
colors = plt.cm.cividis(norm(Z))
surf = axs[1].plot_surface(X, Y, Z, rstride=5, cstride=5,
                           facecolors=colors, shade=False)

surf.set_facecolor((0, 0, 0, 0))
# 正投影で表示
axs[1].set_proj_type('ortho')
```

Out

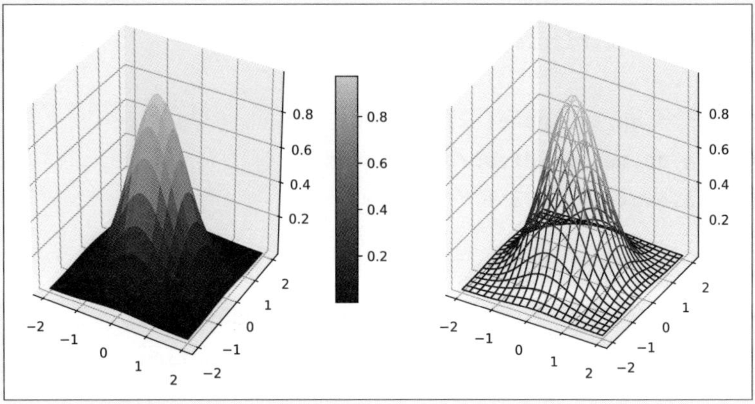

CHAPTER 6

NumPy/SciPyによる数値計算とその応用

本章では高レベルな科学技術計算用ライブラリであるSciPyの解説と、様々な分野での利用例を紹介します。

6.1 線形代数

本節では線形代数における数値計算の例を紹介します。

6.1.1 SciPyとは

SciPyはNumPyを基盤として構築されており、様々な分野に関する数値計算関数を提供するパッケージです。SciPyの関数の多くは**Fortran**という数値計算用プログラミング言語で作られたライブラリをPythonから使えるようにしたものです。Fortranのライブラリは古くから開発、利用されており、その計算速度や精度には高い信頼性があります。

SciPyは多くのサブパッケージで構成されています。通常はその中から必要なものだけをインポートして使います。SciPyのサブパッケージの一覧は以下の公式ドキュメントを参照してください。

- **SciPy.org**
  URL https://docs.scipy.org/doc/scipy/reference/

SciPyにはNumPyの関数と同名の関数が実装されていることがあります。それらはNumPyで実装されているものよりも機能や計算速度が向上しています。そのため、基本的にはNumPyの関数よりもSciPyの関数を使うようにしましょう。

6.1.2 線形方程式系

n個の変数とn個の線形方程式の組（連立1次方程式）は行列形式で式6.1のように表せます。

$$\mathrm{A}\boldsymbol{x}=\boldsymbol{b} \tag{6.1}$$

Aは$n \times n$の行列、$\boldsymbol{b}$と$\boldsymbol{x}$はn次元の列ベクトルです。変数と方程式の数が同じであり、行列Aが正則である（逆行列A^{-1}が存在する）と、解を式6.2のように表せます。

$$\boldsymbol{x} = \mathrm{A}^{-1}\boldsymbol{b} \tag{6.2}$$

行列Aが特異である(逆行列が存在しない)場合には、方程式の解は一意に定まりません。行列の階数が$\boldsymbol{n}$よりも小さい場合には逆行列が存在しません。

方程式の解が精度よく数値計算できるかは行列の条件数から推測できます。条件数が1に近いと良条件、条件数が大きいと悪条件と呼ばれます。悪条件の方程式系の数値解は大きな誤差を持つ可能性があります。

SymPyでは`Matrix`オブジェクトの`rank`メソッドと`condition_number`メソッドで行列の階数と条件数を計算できます。例えば、式 6.3の2変数の線形方程式系を考えてみます。この式の解は$\boldsymbol{x} = [2, 1]^{\mathrm{T}}$です。リスト6.1では行列Aの階数と条件数を求めています。行列Aの階数が変数の数と同じ2なので、解が求められることがわかります。また、行列Aの条件数が小さいので、解を精度よく計算できると推測できます。

$$\begin{cases} 3x_1 + 2x_2 & = 8 \\ -3x_1 + 5x_2 & = -1 \end{cases} \tag{6.3}$$

リスト6.1 SymPyによる行列の階数と条件数の計算

In

```
import sympy as sy

A = sy.Matrix([[3, 2],
               [-3, 5]])

print(A.rank())
print(A.condition_number().evalf())
```

Out

```
2
1.62131007404117
```

それではこの問題の解を求めてみましょう。SymPyでは行列Aの逆行列は

invメソッドで計算できます。式 6.2の通りにAの逆行列とベクトル$\boldsymbol{b}$の積が解になります(リスト6.2)。

リスト6.2 invメソッドによる求解

In

```
b = sy.Matrix([8, -1])

A.inv() * b
```

Out

$$\begin{bmatrix}2\\1\end{bmatrix}$$

しかし、この方法は計算効率がよくありません。解を求めるだけであればsolveメソッドを使用します(リスト6.3)。このメソッドでは様々な計算アルゴリズムを選択できます。行列に対称性などの特徴がない場合はLU分解を使うと少ない計算回数で解を求められます。LU分解とは、行列Aを下三角行列Lと上三角行列UでA = LUと分解する操作です。

リスト6.3 solveメソッドによる求解

In

```
A.solve(b, 'LU')
```

Out

$$\begin{bmatrix}2\\1\end{bmatrix}$$

単にLとUを求めるにはLUdecompositionメソッドを使います(リスト6.4)。

リスト6.4 LUdecompositionメソッドの例

In

```
L, U, _ = A.LUdecomposition()
L
```

Out

$$\begin{bmatrix} 1 & 0 \\ -1 & 1 \end{bmatrix}$$

実際には数値の計算だけであればSymPyではなくNumPyを使いましょう。NumPyでは`np.linalg.matrix_rank`と`np.linalg.cond`関数で行列の階数と条件数を計算できます（リスト6.5）。

リスト6.5 NumPyによる行列の階数と条件数の計算

In

```
import numpy as np

A = np.array([[3, 2],
              [-3, 5]])

print(np.linalg.matrix_rank(A))
print(np.linalg.cond(A))
```

Out

```
2
1.6213100740411661
```

配列の数値計算では`scipy.linalg.solve`関数により、LU分解を用いて線形方程式系の解を求められます（リスト6.6）。NumPyにも`solve`関数がありますが、SciPy版の方がオプションの機能が豊富です。

リスト6.6 `scipy.linalg.solve`関数による求解

In

```
from scipy import linalg

A = np.array([[3, 2],
              [-3, 5]])
b = np.array([[8, -1]]).T
```

```
linalg.solve(A, b)
```

Out

```
array([[2.],
       [1.]])
```

行列LとUを求めたい場合はscipy.linalg.lu関数を使用します(リスト6.7)。これはA = PLUと分解し、それぞれの行列を返す関数です。Pは計算効率のために行の入れ替えを行う置換行列です。

リスト6.7 scipy.linalg.lu関数の例

In

```
P, L, U = linalg.lu(A)
L
```

Out

```
array([[ 1.,  0.],
       [-1.,  1.]])
```

2つの配列が等価であるかをNumPyのallclose関数で調べることができます。この関数は配列の各要素が許容範囲内で等しい場合にTrueを返します。リスト6.8のようにAとPLUは等価であることが確認できます。

リスト6.8 allclose関数の例

In

```
np.allclose(A, P @ L @ U)
```

Out

```
True
```

6.1.3 固有値問題

n次正方行列Aに対して、式 6.4の条件を満たすスカラーλとベクトル$\boldsymbol{x} \neq 0$を見つける問題を**固有値問題**と呼びます。

$$A\boldsymbol{x} = \lambda\boldsymbol{x} \tag{6.4}$$

この固有方程式は式 6.5のように書き換えられます。ここで、行列$\mathbf{I}$はn次の単位行列です。

$$(A - \lambda\mathbf{I})\boldsymbol{x} = 0 \tag{6.5}$$

$\boldsymbol{x}$の解が存在するためには、行列$A - \lambda\mathbf{I}$が特異行列(行列式が0)でないといけません。

$$\det(A - \lambda\mathbf{I}) = 0 \tag{6.6}$$

式 6.6はAの特性方程式と呼ばれます。特性方程式のn個の根が固有値です。各固有値に対して式 6.5を解くことで、固有値に付随する固有ベクトルが求まります。

SymPyでは`Matrix`オブジェクトの`eigenvals`と`eigenvects`メソッドを用いて行列の固有値と固有ベクトルを求められます。`eigenvals`メソッドはキーを固有値、値を対応する重複度とする辞書を返します。一方`eigenvects`メソッドの返り値は固有値、固有値の重複度、固有ベクトルのリストです。各固有値に対応する固有ベクトルは重複度と同じ数だけ含まれます。リスト6.9の例では固有値が1と5、それぞれの重複度は1、つまり重根はありません。

リスト6.9 `eigenvals`メソッドの例

In

```
A_s = sy.Matrix([[2, 3],
                 [1, 4]])

A_s.eigenvals()
```

Out

```
{5: 1, 1: 1}
```

NumPyの配列で固有値、固有ベクトルを求める場合は、SciPyの`linalg.eigvals`と`linalg.eig`関数を使用します。NumPyの`linalg`モジュールにも同名の関数がありますが、SciPy版の方が高機能です。`scipy.linalg.`

eigvals関数は固有値をまとめた1次元配列を返します。scipy.linalg.eig関数は固有値をまとめた1次元配列と、各固有値に付随する固有ベクトルをまとめた配列を返します(リスト6.10)。なお、固有ベクトルは長さが1である正規固有ベクトルとなっています。

リスト6.10 scipy.linalg.eig関数の例

In

```
A = np.array([[2, 3],
              [1, 4]])

w, X = linalg.eig(A)
print(w)
print(X)
```

Out

```
[1.+0.j 5.+0.j]
[[-0.9486833  -0.70710678]
 [ 0.31622777 -0.70710678]]
```

n次正方行列Aがn個の相異な固有値を持つ場合、行列の固有ベクトルを用いて行列を固有値の対角行列Dに変換できます。この変換は対角化と呼ばれます。固有ベクトルを並べた行列をXとしてDは式6.7で計算できます。

$$D = X^{-1}AX \tag{6.7}$$

実際にリスト6.11で計算してみるとDの対角線上に固有値が並ぶことが確認できます。

リスト6.11 固有値の対角行列の計算

In

```
linalg.inv(X) @ A @ X
```

Out

```
array([[1.00000000e+00, 3.33066907e-16],
       [0.00000000e+00, 5.00000000e+00]])
```

SymPyには行列の対角化を計算するdiagonalizeメソッドも用意されています(リスト6.12)。

リスト6.12 diagonalizeメソッドの例

In

```
X, D = A_s.diagonalize()
D
```

Out

$$\begin{bmatrix} 1 & 0 \\ 0 & 5 \end{bmatrix}$$

対角行列Dのべき乗D^nはDの各要素をべき乗したものなので簡単に計算できます。そして、Aが対角化可能であれば、Aのべき乗A^nは式6.8で求めることができます。

$$A^n = XD^nX^{-1} \tag{6.8}$$

任意の実数nにおけるA^nはSciPyのlinalg.fractional_matrix_power関数で求まります。リスト6.13では$B = A^{0.5}$を求め、$A = B^2$であることを確認しています。

リスト6.13 linalg.fractional_matrix_power関数の例

In

```
B = linalg.fractional_matrix_power(A, 0.5)

np.allclose(A, B @ B)
```

Out

```
True
```

線形代数の分野では、対称行列であれば使える高速かつ高精度な数値計算アルゴリズムが多く存在します。実対称行列において、異なる固有値に付随する固有ベクトルは互いに直交する性質があります。そのため、固有ベクトルを並べた行列は直交行列になります。直交行列は$Q^{-1} = Q^{T}$が成り立つ行列です。よって、対称行列では対角行列Dを式 6.9で計算できます。

$$D = Q^{-1}AQ = Q^{T}AQ \tag{6.9}$$

対称行列の対角化は逆行列を計算しないので非対称行列の場合に比べて高速に計算できます。リスト6.14の例では対称行列Aを定義し、それに対して式 6.9が成り立つことを確認しています。

リスト6.14 対称行列の対角化

In

```
A = np.array([[4, 2, -3],
              [2, 5, -2],
              [-3, -2, 4]])
w, Q = linalg.eig(A)

np.allclose(np.diag(w), Q.T @ A @ Q)
```

Out

```
True
```

6.2 微分積分

本節では微分積分における数値計算の例を紹介します。

6.2.1 微分

関数の**微分**(導関数)は、ある点における関数の増加率を表します。SymPyで導関数を求めるには`diff`関数や、数式の`diff`メソッドを使用します。この関数は第1引数の式を第2引数の変数で微分します。リスト6.15では$f(x) = \cos\left(x^2\right) + x$に対して$\frac{\mathrm{d}f(x)}{\mathrm{d}x}$を求めています。

リスト6.15 `diff`関数による1階微分

In

```
import sympy as sy

x = sy.symbols('x')
eq = sy.cos(x**2) + x

# eq.diff(x) でも可
sy.diff(eq, x)
```

Out

$$-2x\sin\left(x^2\right) + 1$$

より高階の導関数を求める場合は変数と階数をタプルでまとめて指定します。リスト6.16は先程の関数の$\frac{\mathrm{d}^2f(x)}{\mathrm{d}^2x}$を求めています。

リスト6.16 `diff`関数による2階微分

In

```
# sy.diff(eq, x, x) や eq.diff(x, 2) でも可
```

```
sy.diff(eq, (x, 2))
```

Out

$$-2\left(2x^2\cos\left(x^2\right)+\sin\left(x^2\right)\right)$$

多変数関数の微分であっても引数の与え方は同様です。リスト6.17では$f(x,y)=x^3y+x^2y^2$に対して$\frac{\partial^3 f(x,y)}{\partial x^2 \partial y}$を計算しています。

リスト6.17 diff関数による多変数関数の微分

In

```
y = sy.symbols('y')
eq = x**3 * y + x**2 * y**2

# eq.diff((x, 2), y) でも可
sy.diff(eq, (x, 2), y)
```

Out

$$2\left(3x+2y\right)$$

導関数を簡単な式にできない場合にはDerivativeオブジェクトが返されます(リスト6.18)。

リスト6.18 Derivativeオブジェクトの例

In

```
n = sy.symbols('n')

# eq.diff((x, n)) でも可
sy.diff(eq, (x, n))
```

Out

$$\frac{\partial^n}{\partial x^n}\left(x^3y+x^2y^2\right)$$

Derivativeオブジェクトは導関数をライプニッツの記法で表しておきたい場合に使います。この表現の導関数はdoitメソッドを使って評価できます(リスト6.19)。

リスト6.19 doitメソッドによるDerivativeオブジェクトの評価

In

```
d = sy.Derivative(sy.exp(x**2), x)

d.doit()
```

Out

$2xe^{x^2}$

数値計算では中心差分近似と呼ばれる式6.10で導関数を近似して計算します。

$$f'(x) \simeq \frac{f(x+\delta x) - f(x-\delta x)}{2\delta x} \tag{6.10}$$

δxを十分小さい正の値にすれば、実用的な精度で微分係数の近似値を求めることができます。

中心差分近似によってある点での微分係数を求めるにはSciPyのmisc.derivative関数を使います(リスト6.20)。引数には関数のオブジェクトと微分係数を計算する点を指定します。また、十分な精度で計算できるように引数dxにδxの値を設定します。そのほか、引数nで微分の階数などを指定することもできます。

リスト6.20 misc.derivative関数の例

In

```
from scipy.misc import derivative

def f(x):
    return x**3 + x**2

derivative(f, 1.0, dx=1e-6)
```

Out

```
4.999999999921734
```

計測データなどの配列に対して勾配を求めるにはnp.gradient関数を使います。リスト6.22では例として$f(x) = x^3$の配列と、1次導関数の$f'(x) = 3x^2$の配列を作成しています。まずnp.linspace関数で要素の値が等間隔の配列xを作成しています。その値の間隔は引数にretstep=Trueと指定することで得られます。なお、データが等間隔でないときはnp.gradient(y, x)のように配列をそのまま引数に指定します。

リスト6.21 matplotlib.pyplotのインポート

In

```
import matplotlib.pyplot as plt
```

リスト6.22 np.gradient関数による勾配の計算

In

```
x, dx = np.linspace(-3, 3, 201, retstep=True)
y = x**3

dydx = np.gradient(y, dx)

fig, ax = plt.subplots(constrained_layout=True)

ax.plot(x, y, label=r'$f(x)=x^3$')
ax.plot(x, dydx, '--', label=r"$f'(x)=3x^2$")
ax.grid()
ax.legend()
```

Out

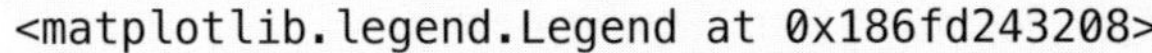

```
<matplotlib.legend.Legend at 0x186fd243208>
```

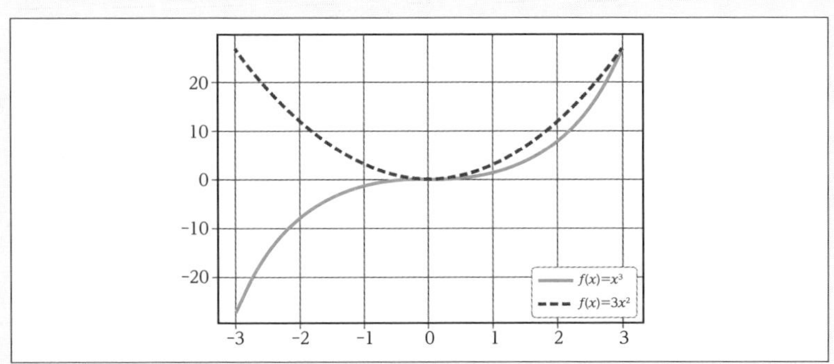

np.gradient関数は2変数関数の勾配を求めることもできます。リスト6.23では$xe^{(-x^2-y^2)}$の勾配を可視化しています。2次元配列をnp.gradient関数に渡した場合、返り値は行方向と列方向の勾配の配列になります。Matplotlibのquiverメソッドは2次元空間内の点に指定された平面ベクトルを描きます。quiverメソッドにはベクトルを描く座標と求めた勾配を指定します。

リスト6.23 np.gradient関数による2変数関数の勾配の計算

In

```
coords, ds = np.linspace(-2, 2, 21, retstep=True)
X, Y = np.meshgrid(coords, coords)
Z = X*np.exp(-X**2 - Y**2)

# 勾配の配列は行方向，列方向の順で返されるので注意
dY, dX = np.gradient(Z, ds)

fig, ax = plt.subplots(constrained_layout=True)

ax.quiver(X, Y, dX, dY)
```

Out

```
<matplotlib.quiver.Quiver at 0x186fe8bcd48>
```

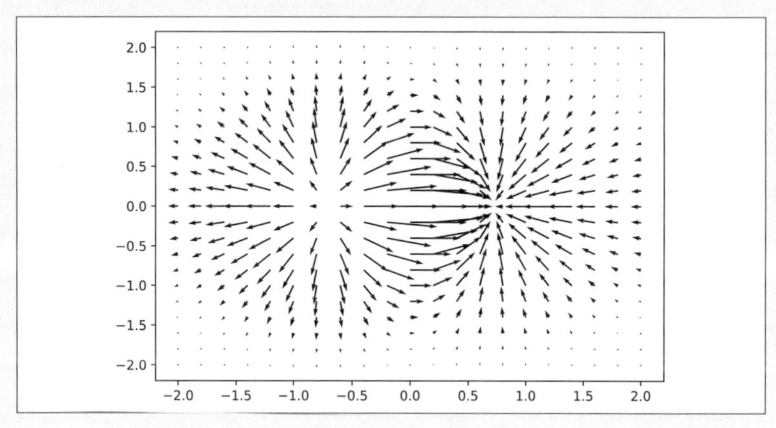

6.2.2 積分

積分は積分区間が定まっているかどうかで定積分と不定積分に区別されます。ある積分区間$[a, b]$における定積分は$I(f)=\int_a^b f(x)\,dx$と表すことができます。図6.1に示すように$I(f)$は被積分関数$f(x)$の曲線とx軸間の面積と解釈できます。

図6.1 曲線とx軸の間の面積としての積分の概念図

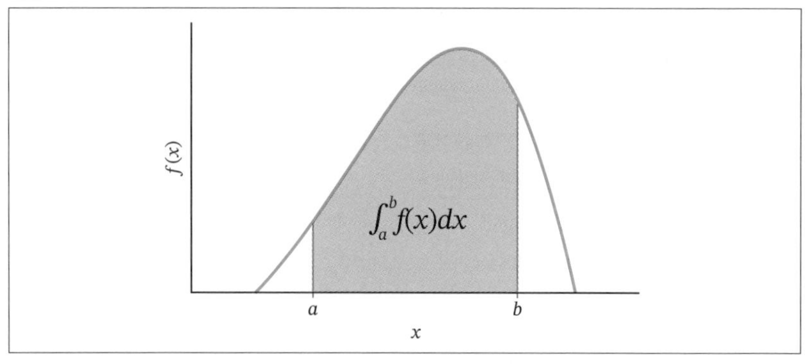

SymPyでは`integrate`関数を使って定積分と不定積分の両方を表現できます。引数に数式だけ指定された場合は不定積分が計算されます。定積分を計算するには、引数に数式と`(x, a, b)`の形式のタプルを渡します（リスト6.24）。`x`、`a`、`b`はそれぞれ積分変数と積分区間の下限と上限です。

リスト6.24 integrate関数による定積分の計算①

In

```
a, b, x, y = sy.symbols('a, b, x, y')
eq = sy.Function('f')(x)

# 定積分を計算する場合
# eq.integrate((x, a, b)) でも可
sy.integrate(eq, (x, a, b))

# 不定積分を計算する場合
# sy.integrate(eq)
```

Out

$$\int_{a}^{b} f(x)dx$$

integrate関数に具体的な数式を渡すこともできます。リスト6.25では式 6.11の積分を計算しています。積分区間に無限を指定する場合はsy.ooを使用します。なお、不定積分の結果には積分定数は含まれません。

$$\int_0^\infty xe^{-x}\,dx = 1 \qquad (6.11)$$

リスト6.25 integrate関数による定積分の計算②

In

```
sy.integrate(x * sy.exp(-x), (x, 0, sy.oo))
```

Out

1

一般的に代数的な積分は難しい計算であり、SymPyでも記号的に積分できない数式が多数存在します。SymPyは積分の評価に失敗した場合にはIntegralオブジェクトを返します(リスト6.26)。

リスト6.26 Integralオブジェクトの例

In

```
sy.integrate(x**x, x)
```

Out

$$\int x^x dx$$

Integralオブジェクトは数式に未評価の積分を含めたい場合に使えます。積分はdoitメソッドによって後から評価できます(リスト6.27)。

リスト6.27 doitメソッドによるIntegralオブジェクトの評価

In

```
i = sy.Integral(sy.log(x)**2, x) + 3

i.doit()
```

Out

$$x\log(x)^2 - 2x\log(x) + 2x + 3$$

被積分関数が多変数関数の場合、引数には積分変数を指定します(リスト6.28)。

リスト6.28 integrate関数による多変数関数の積分

In

```
eq = x**2 * y

# x で積分する場合
sy.integrate(eq, x)

# y で積分する場合
# sy.integrate(eq, y)
```

Out

$$\frac{x^3 y}{3}$$

多重積分を計算するには引数に積分変数を順番に並べていきます(リスト6.29)。

リスト6.29 integrate関数による多重積分

In

```
sy.integrate(x**2 + y**2, x, y)
```

Out

$$\frac{x^3y}{3} + \frac{xy^3}{3}$$

SymPyを使えば積分の解析解を見つけられます。しかし、積分が解析的な解を持つのは稀なことであり、一般的には数値積分に頼ることになります。積分の値を近似的な離散値の和として求める方法を積分則といいます。

積分区間$[a, b]$の中に等間隔でn個の点を取り、多項式補間を使う方法がニュートン・コーツ積分則です。図6.2は低次ニュートン・コーツ積分則の概念図です。多項式補間に1次多項式を用いると台形則、2次多項式を用いればシンプソン則となります。

図6.2 低次ニュートン・コーツ積分則の概念図

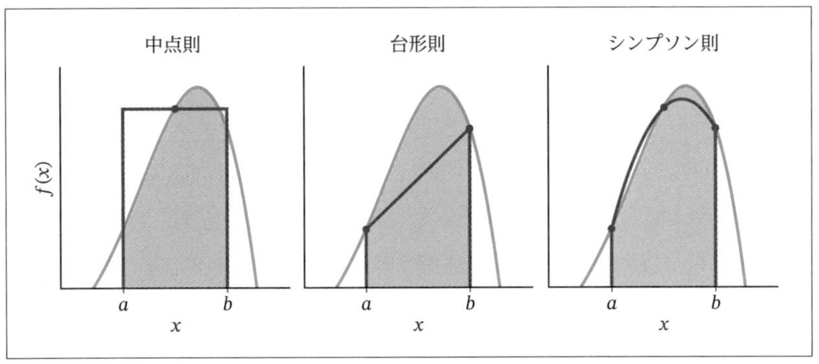

実際には積分区間$[a, b]$を小区間に分割し、各部分区間に低次の積分則を使用して積分を計算します。この方法は複合積分則と呼ばれ、SciPyには複合型台形則の`integrate.trapz`関数と複合型シンプソン則の`integrate.simps`関数が実装されています。これらの関数は第1引数にデータ点のyの配列を受け取ります。必要に応じて第2引数にデータ点のxの配列か、サンプリング間隔が一定なら引数`dx`を指定します。

例として、区間$[-1, 1]$における17個の等間隔のデータ点から、式6.12の積分を計算してみます（リスト6.30）。データ点のx座標とy座標の配列を作成し、それらをintegrate.trapz関数やintegrate.simps関数に渡します。

$$\int_{-1}^{1} e^{-x} dx \tag{6.12}$$

リスト6.30 integrate.simps関数の例

In

```
import numpy as np
from scipy import integrate

a, b = -1, 1
x = np.linspace(a, b, 17)
y = np.exp(-x)

integrate.simps(y, x)
```

Out

```
2.350405569304639
```

一般的にはシンプソン則の方が台形則よりも計算に時間はかかりますが、精度は高いです。どちらの積分則もサンプル点の数を増やせば精度は高くなります。

そのほか、条件を満たす場合はロンバーグ法のintegrate.romb関数を使用できます。この方法は積分区間$[a, b]$の中のデータ点が奇数個であり、それらが等間隔である場合にだけ使えます。integrate.romb関数はintegrate.trapez関数などと同様、第1引数にデータ点のyの配列を受け取ります（リスト6.31）。しかし、第2引数にはサンプリング間隔dxを指定しなければなりません。

リスト6.31 integrate.romb関数の例

In

```
x, dx = np.linspace(a, b, 1 + 2**4, retstep=True)
y = np.exp(-x)

integrate.romb(y, dx=dx)
```

Out

```
2.3504023873296926
```

ニュートン・コーツ積分則では積分区間内の分点が等間隔でした。分点の取り方にも自由度を与えて計算する方法を**ガウス求積法**と呼びます。一般的に積分区間内で被積分関数の任意の関数値が計算できる場合は、ガウス求積法の方が効率的に積分値を計算できます。

ガウス求積法にはSciPyの`integrate.quad`関数を使用します。引数には被積分関数のオブジェクトと積分区間の下限と上限を指定します。`integrate.quad`関数は結果として積分値と推定誤差をタプルで返します。

例として、式 6.13の積分を計算します。リスト6.32のように被積分関数を定義して`integrate.quad`関数を呼び出します。NumPyの`np.inf`は無限を表す浮動小数点数の`float('inf')`です。

$$\int_0^{\infty} e^{-x^2}\left(x^{12}-x^5\right)dx \tag{6.13}$$

リスト6.32 integrate.quad関数の例①

In

```
def f(x):
    return np.exp(-x**2) * (x**12 - x**5)

integrate.quad(f, 0, np.inf)
```

Out

```
(142.94263890752217, 1.104421543222346e-06)
```

また、被積分関数のオブジェクトが複数の引数を取る場合、`integrate.quad`関数は第1引数を積分変数として積分値を計算します。被積分関数の第2引数以降には`integrate.quad`関数の`args`引数で値を渡せます。例えば、式 6.14に対してa=1、b=2の場合で積分するとします。リスト6.33のように`integrate.quad`関数の`args`引数でパラメータを設定します。

$$\int_0^{1}\left(ax^2+bx\right)dx \tag{6.14}$$

リスト6.33 integrate.quad関数の例②

In

```
def f(x, a, b):
    return a * x**2 + b * x

integrate.quad(f, 0, 1, args=(1, 2))
```

Out

```
(1.3333333333333333, 1.4802973661668752e-14)
```

2重積分や3重積分はSciPyのintegrate.dblquad関数とintegrate.tplquad関数で計算できます。また、任意の次元数の多重積分にはintegrate.nquad関数を使用できます。これらの関数は、積分の各次元に沿ってintegrate.quad関数を繰り返し呼び出して積分値を計算します。積分変数が増加すると計算時間は飛躍的に増加するので注意してください。

式6.15の2重積分を計算してみます。

$$\int_0^1 \int_{x-1}^{1-x} \left(4-x^2-y^2\right) dxdy \tag{6.15}$$

リスト6.34のように被積分関数の関数オブジェクトと、積分区間の境界をintegrate.dblquad関数に指定します。dblquadのyの下限と上限には関数オブジェクトを指定する必要があります。

リスト6.34 integrate.dblquad関数の例

In

```
def f(x, y):
    return 4 - x ** 2 - y ** 2

integrate.dblquad(f, 0, 1, lambda x: x - 1, lambda x: 1 - x)
```

Out

```
(3.666666666666665, 8.127150052361729e-14)
```

3重積分の例として式6.16を計算してみます。

$$\int_{-1}^{1}\int_{-1}^{1}\int_{-1}^{1}(x+y+z)^2\,dxdydz \tag{6.16}$$

integrate.tplquad関数に与えるzの積分区間の境界は、2つの変数xとyに依存する関数オブジェクトとして定義します(リスト6.35)。

リスト6.35 integrate.tplquad関数の例

In

```
def f(x, y, z):
    return (x + y + z) ** 2

integrate.tplquad(f, -1, 1, lambda x: -1, lambda x: 1,
                  lambda x, y: -1, lambda x, y: 1)
```

Out

```
(7.999999999999999, 9.5449561109889e-14)
```

6.3 統計

本節では統計における数値計算の例を紹介します。

6.3.1 統計量

NumPyには配列の統計量(記述統計)を計算する関数が実装されています。配列に含まれる要素の最大値と最小値はmax関数とmin関数で取得できます(リスト6.36)。要素の範囲(最大値 - 最小値)はptp関数で求められます。これらはx.max()のように配列のメソッドでも呼び出せます。

リスト6.36 max関数とptp関数の例

In

```
import numpy as np

x = np.array([2.1, 3.8, 5.4, 0.7, 1.9, 6.3, 4.2])

print(np.max(x))
print(np.ptp(x))
```

Out

```
6.3
5.6
```

リスト6.37のように配列の総和はsum関数、平均値はmean関数で求めることができます。

リスト6.37 sum関数とmean関数の例

In

```
print(np.sum(x))
print(np.mean(x))
```

Out

```
24.4
3.4857142857142853
```

データの散らばりの度合いを示す分散はvar関数で取得できます(リスト6.38)。また、標準偏差(分散の正の平方根)を求めるにはstd関数を使います。デフォルトでは分散や標準偏差の計算には要素の個数Nが使われます。ddof引数に整数iを指定すると、その個数が$N-i$になります。ddof=1として計算した分散と標準偏差は**不偏分散**、**不偏標準偏差**と呼ばれます。

リスト6.38 var関数とstd関数の例

In

```
print(np.var(x))
print(np.std(x, ddof=1))
```

Out

```
3.484081632653062
2.0161254685068353
```

データを小さい順に並べたときに中央(全体の50%)にある値が中央値です。データが偶数の場合は中央の2つの値の平均値が中央値となります。中央値はmedian関数で求まります。中央値だけでなく任意の位置にある値をquantile関数とpercentile関数で取得できます(リスト6.39)。これらにはそれぞれ全体を1とする割合、全体を100とする割合で位置を指定します。

リスト6.39 quantile関数とpercentile関数の例

In

```
print(np.quantile(x, [0.25, 0.5, 0.75]))
print(np.percentile(x, [25, 50, 75]))
```

Out

```
[2.  3.8 4.8]
[2.  3.8 4.8]
```

統計量にはほかにも様々なものがあり、それらはSciPyのstatsサブパッケージを使えば簡単に求まります。リスト6.40では主な統計量をまとめて計算するstats.describe関数を使っています。

リスト6.40 stats.describe関数の例

In

```
from scipy import stats

stats.describe(x)
```

Out

```
DescribeResult(nobs=7, minmax=(0.7, 6.3), ➡
mean=3.4857142857142853, variance=4.064761904761906, ➡
skewness=0.03150596531455972, kurtosis=-1.274029286295256
7)
```

6.3.2 乱数配列

NumPyのrandomモジュールは要素が**乱数**で埋められた配列を作成する関数を提供しています。random.rand関数は0以上1未満の浮動小数点数で一様分布の乱数を作成します。関数の引数に配列の各次元の長さを指定します。引数の指定がなければ乱数が1つだけ返されます。リスト6.41ではrandom.rand関数で4列の1次元配列と2行5列の2次元配列を作成しています。コードを実行するたびに作成される乱数の値は変わります。

リスト6.41 random.rand関数の例

In

```
# 4 列 の 1 次元配列
print(np.random.rand(4))

# 2 行 5 列の 2 次元配列
print(np.random.rand(2, 5))
```

Out

```
[0.34263198 0.18780966 0.84551602 0.59125384]
[[0.49023396 0.25554646 0.42411758 0.80660862 0.47911019]
 [0.52840164 0.91096961 0.36805414 0.54341049 0.96415512]]
```

random.randint関数を使えば、値の区間を指定して整数の一様分布の乱数を作成できます。randint(a)では0以上a未満の整数、randint(a, b)とすればa以上b未満の整数になります。作成する配列の形状はsize引数で指定でき、多次元配列とするには形状をタプルで指定します。リスト6.42では1以上10未満の整数からなる2行5列の配列を作成しています。

リスト6.42 random.randint関数の例

In

```
np.random.randint(1, 10, size=(2, 5))
```

Out

```
array([[5, 4, 7, 1, 2],
       [1, 6, 8, 3, 7]])
```

そのほかにも様々な確率分布で乱数配列を作成する関数が用意されています。例えば、標準正規分布(平均0、標準偏差1)の乱数を作成する場合はrandom.randn関数を使います。random.normal関数では平均と標準偏差を指定して正規分布の乱数を作成できます(リスト6.43)。

リスト6.43 random.randn関数とrandom.normal関数の例

In

```
# 標準正規分布
print(np.random.randn(10))

# 平均 0、標準偏差 0.5 の正規分布
print(np.random.normal(0, 0.5, 10))
```

Out

```
[-0.5956103  -0.02757082 -1.0203202   0.45003827 ➡
-0.73360924  0.4257451
 -0.19696188  0.63708299 -1.0069594   1.64941326]
[-0.45790245 -0.62192656 -0.18880493  0.04751659 ➡
-0.1218642   0.30056696
  0.04917007  0.35364105 -0.05229081 -0.56656531]
```

データの分布状況はヒストグラムで可視化するとわかりやすくなります。ヒストグラムはデータの大きさでいくつか区間を区切り、各区間に含まれるデータの数量を棒グラフで表した図です。その区間を**階級**(bin)、各区間のデータの数量を**度数**(frequency)と呼びます。

リスト6.45はrandom.randn関数で作成した標準正規分布の乱数配列をヒストグラムで可視化しています。Matplotlibにはヒストグラムを作成するhistメソッドがあります。階級の数はbins引数で指定できます(デフォルトは10)。

リスト6.44 matplotlib.pyplotのインポート

In

```
import matplotlib.pyplot as plt
```

リスト6.45 ヒストグラムの作成

In

```
fig, ax = plt.subplots(constrained_layout=True)

ax.hist(np.random.randn(1000), bins=20)
ax.set_xlabel('bin')
ax.set_ylabel('frequency')
```

Out

```
Text(0, 0.5, 'frequency')
```

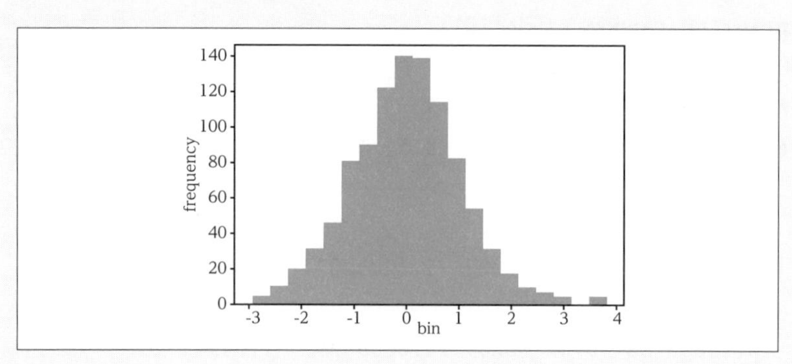

乱数を使用するプログラムを作る際、テストのために毎回同じ乱数を作成したいときがあります。Numpyなどで生成される乱数は**擬似乱数**といい、シード(1つの整数)を元に作られます。シードは何かしら乱数が作られるたびに更新され

1
2
3
4
5
6
7
8
9
NumPy/SciPyによる数値計算とその応用

ます。random.seed関数を使うとシードの値を設定することができます。リスト6.46のようにシードが同じ値であれば同じ乱数が生成されます。ここではシードの値を0にしていますが、その値自体に意味はなく、任意の整数を設定してかまいません。

リスト6.46 random.seed関数の例

In

```
np.random.seed(0)
print(np.random.randn(5))

np.random.seed(0)
print(np.random.randn(5))
```

Out

```
[1.76405235 0.40015721 0.97873798 2.2408932  1.86755799]
[1.76405235 0.40015721 0.97873798 2.2408932  1.86755799]
```

6.3.3 確率分布

SymPyのstatsモジュールでは様々な確率分布に従う確率変数を扱うことができます。例えばNormal関数で正規分布に従う確率変数のオブジェクトを作成できます。引数には名前、平均、標準偏差を指定します。リスト6.47のように引数で平均0、標準偏差1と指定すれば標準正規分布になります。連続型確率分布の場合にはstats.density関数で確率密度関数の式を得られます。

リスト6.47 SymPyで求めた標準正規分布の確率密度関数

In

```
import sympy as sy
import sympy.stats

X = sy.stats.Normal('X', 0, 1)
x = sy.symbols('x')
sy.stats.density(X)(x)
```

Out

$$\frac{\sqrt{2}e^{-\frac{x^2}{2}}}{2\sqrt{\pi}}$$

SciPyの`stats`サブパッケージにも確率変数を表現するクラスが多数用意されています。離散型と連続型で合計100以上の確率分布が提供されており、NumPyの`random`モジュールにはない確率分布で乱数配列を作ることもできます。作成した確率変数のオブジェクトのメソッドを呼び出すことで統計量なども求められます。代表的なメソッドには表6.1のものがあります。

メソッド	説明
mean	平均
median	中央値
std	標準偏差
var	分散
stats	統計量（平均、分散、歪度、尖度）
expect	期待値
rvs	乱数を生成
pdf	確率密度関数（連続型のみ）
pmf	確率質量関数（離散型のみ）
cdf	累積分布関数
ppf	パーセント点関数（累積分布関数の逆関数）
interval	中央値を中心として指定の確率となる区間
fit	確率分布のパラメータを推定（連続型のみ）

表6.1 確率変数オブジェクトの主なメソッド

それでは`scipy.stats`の使用例を見ていきましょう。正規分布に従う確率変数のオブジェクトは`norm`クラスで作成できます。引数には平均と標準偏差を指定します。リスト6.48では標準正規分布としています。作成したオブジェクトの`stats`メソッドに`'mvsk'`と指定すると平均、分散、歪度、尖度が返されます。

リスト6.48 statsメソッドの例

In

```
from scipy import stats

X = stats.norm(0, 1)

# 平均、分散、歪度、尖度
X.stats('mvsk')
```

Out

```
(array(0.), array(1.), array(0.), array(0.))
```

ある点での確率密度関数の値はpdfメソッドで得られます。リスト6.49のように引数に配列やリストを渡した場合は、各点での結果がまとめて配列で返されます。

リスト6.49 pdfメソッドの例

In

```
X.pdf([0, 1])
```

Out

```
array([0.39894228, 0.24197072])
```

cdfメソッドは確率変数が指定の値以下になる確率(累積確率)の値を返します。逆にppfメソッドは指定の累積確率となる確率変数の値を返します。例えば、標準正規分布においては確率変数が0以下になる確率は50%です(リスト6.50)。

リスト6.50 cdfメソッドとppfメソッドの例

In

```
print(X.cdf(0))
print(X.ppf(0.5))
```

Out

```
0.5
0.0
```

intervalメソッドは中央値を中心として指定の確率となる区間を返します。リスト6.51のように90%と指定すると、5パーセント点と95パーセント点の値がタプルで返されます。

リスト6.51 intervalメソッドの例

In

```
# X.ppf(0.05), X.ppf(0.95) でも可
X.interval(0.9)
```

Out

```
(-1.6448536269514729, 1.6448536269514722)
```

確率分布に従って分布する乱数をrvsメソッドで生成できます。1次元配列では整数、それ以上の配列ではタプルで配列の形状を引数に指定します。リスト6.52では5000個の乱数を生成し、それをヒストグラムとして可視化しています。また、確率分布の確率密度関数も重ねてプロットしています。histメソッドではdensity=Trueと指定すると正規化(ヒストグラムの合計面積を1にする)されてグラフが表示されます。

リスト6.52 rvsメソッドの例

In

```
# 確率密度関数をプロットするための配列
x = np.linspace(X.ppf(0.01), X.ppf(0.99), num=100)

fig, ax = plt.subplots(constrained_layout=True)

# 生成した乱数のヒストグラム
np.random.seed(0)
ax.hist(X.rvs(5000), label='samples', density=True,
        bins=30, alpha=0.5)
# 確率密度関数のグラフ
ax.plot(x, X.pdf(x), 'k', label='PDF')
ax.legend()
```

Out

```
<matplotlib.legend.Legend at 0x186ff2b92c8>
```

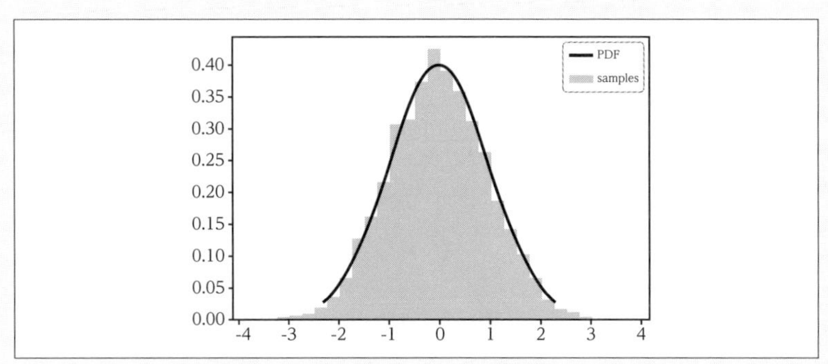

観測したデータに対して確率分布を仮定し、その分布のパラメータを推定することができます。仮定する確率分布のクラスの`fit`メソッドにデータを渡すと、最尤推定法でパラメータが推定されます。リスト6.53では標準正規分布の乱数を200点生成し、その乱数から正規分布のパラメータを推定しています。また、真の確率分布と推定した確率分布の確率密度関数をプロットしています。

リスト6.53 `fit`メソッドの例

In

```
# 乱数配列からパラメータを推定
np.random.seed(0)
samples = X.rvs(200)
mu, std = stats.norm.fit(samples)

# 推定したパラメータの正規分布の確率変数オブジェクトを作成
X_fit = stats.norm(mu, std)

fig, ax = plt.subplots(constrained_layout=True)

ax.hist(samples, density=True, bins=30, alpha=0.5)
ax.plot(x, X.pdf(x), 'k--', label='True')
ax.plot(x, X_fit.pdf(x), 'b', label='fit')
# 推定したパラメータをグラフタイトルに表示
ax.set_title(f'mu={mu:.5f}, std={std:.5f}')
```

```
ax.legend()
```

Out

```
<matplotlib.legend.Legend at 0x186ff47bcc8>
```

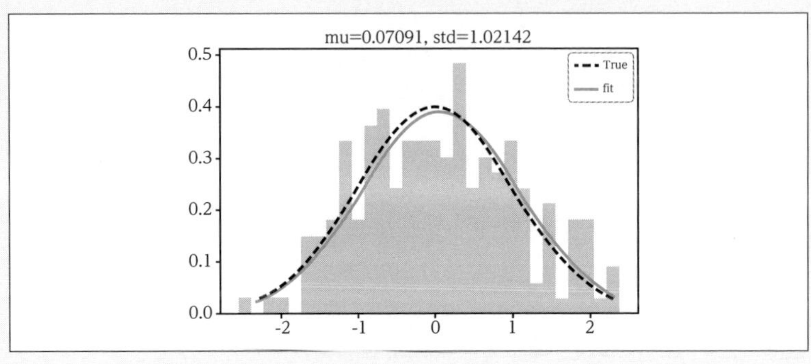

6.4 補間

本節では補間における数値計算の例を紹介します。

6.4.1 多項式

補間(内挿)とはデータ点がいくつか与えられたとき、それらの間の近似値を求めること、またはすべてのデータ点を通る関数を求める数学的手法を指します。補間では前提として、関数はデータ点の間で滑らかに変化するものとします。

一般的にn個のデータ点に対しては$n-1$次の多項式補間が存在します。NumPyの`polynomial`モジュールは、多項式を扱うための関数やクラスを多数提供しています。多項式$2-3\times x+1\times x^2$のような累乗基底の多項式を`Polynomial`オブジェクトで表現できます。この多項式を表現するオブジェクトは`Polynomial`クラスに`[2, -3, 1]`を渡すことで作成できます(リスト6.54)。

リスト6.54 `Polynomial`オブジェクトの例

In

```
from numpy.polynomial import Polynomial as P

p = P([2, -3, 1])
p
```

Out

$$x \mapsto 2.0-3.0x+1.0x^2$$

この多項式の根は$2-3x+x^2=(x-1)(x-2)$なので1と2です。`fromroots`メソッドを使えば根を指定して`Polynomial`オブジェクトを作成できます(リスト6.55)。

リスト6.55 fromrootsメソッドの例

In

```
p = P.fromroots([1, 2])
p
```

Out

$x \mapsto 2.0 - 3.0x + 1.0x^2$

多項式の根はrootsメソッドを用いて計算できます。リスト6.56のように多項式の根が求めることができます。

リスト6.56 rootsメソッドの例

In

```
p.roots()
```

Out

```
array([1., 2.])
```

作成したPolynomialオブジェクトを使い、任意のxにおける多項式の値を評価できます。引数にはxの値を配列でまとめて指定できます。リスト6.57では多項式pを$x = 0, 1, 1.5$の各点で評価しています。

リスト6.57 多項式の評価

In

```
import numpy as np

p(np.array([0, 1, 1.5]))
```

Out

```
array([ 2.  ,  0.  , -0.25])
```

算術演算子を用いて多項式の基本的な算術演算を行うことができます。/演算子は多項式をスカラーで割る場合に使い、多項式を多項式で割る場合は//演算子を使います。リスト6.58では多項式$(x-1)\ (x-2)$を多項式$x - 1$で割っているので、結果は$x - 2$となります。

リスト6.58 多項式の算術演算

In

```
p2 = P.fromroots([1])

p // p2
```

Out

$x \mapsto -2.0 + 1.0x$

多項式の微分と積分も求めることができます。微分にはderiveメソッド、積分にはintegメソッドを使います。リスト6.59では多項式の1階微分として$-3 + 2x$が求めています。

リスト6.59 deriveメソッドの例

In

```
p.deriv()
```

Out

$x \mapsto -3.0+2.0x$

多項式には基底の取り方によって様々な表現があります。polynomialモジュールではPolynomialクラスの累乗基底以外に、チェビシェフ基底、ルジャンドル基底、ラゲール基底、エルミート基底などで多項式を表現できます。

例えば、チェビシェフ基底という基底で多項式を表すにはChebyshevクラスを使います。リスト6.60ではChebyshevクラスに係数のリスト[2.5, -3., 0.5]を渡しています。これは$T_i(x)$をi次のチェビシェフ基底として、多項式$2.5T_0(x) - 3T_1(x) + 0.5T_2(x)$を表現しています。

リスト6.60 チェビシェフ基底の多項式の例

In

```
from numpy.polynomial import Chebyshev as T

ch = T([2.5, -3., 0.5])
ch
```

Out

$x \mapsto 2.5T_0(x) - 3.0T_1(x) + 0.5T_2(x)$

6.4.2 多項式補間

NumPyの多項式のクラスには、多項式補間を求める`fit`メソッドが実装されています。このメソッドにデータ点の座標と多項式補間の次数を渡すことで多項式補間を得られます。

リスト6.61では4個のデータ点を通る多項式補間を求めています。この例での補間には、3次(データ点数から1を引いた次数)の多項式を使用する必要があります。累乗基底の場合、多項式補間は次のように計算できます。

リスト6.61 `fit`メソッドの例

In

```
# データ点の x 座標と y 座標の配列
x = np.array([1, 2, 4, 5])
y = np.array([1, -1, 4, 5])
# 多項式補間の次数
deg = len(x) - 1

p = P.fit(x, y, deg)
p
```

Out

$x \mapsto 1.0000000000000013+6.0(-1.5+0.5x)$
$+1.9999999999999999(-1.5+0.5x)^2-3.9999999999999987(-1.5+0.5x)^3$

多項式補間を求める際には、計算精度をよくするため、データ点のx座標の区間が標準区間$[-1, 1]$となるように線形変換が行われます。リスト6.61で求めた多項式補間が$(-1.5 + 0.5x)^n$のような基底で表されているのはそのためです。

リスト6.62のように`convert`メソッドを使用することで、通常の累乗基底で表した多項式補間の係数が得られます。この例では多項式補間は$f(x) = 10 - 13.5x + 5x^2 - 0.5x^3$となります。

リスト6.62 convertメソッドの例

In

```
p.convert().coef
```

Out

```
array([ 10. , -13.5,   5. ,  -0.5])
```

補間結果はリスト6.64のようにグラフ化できます。

リスト6.63 matplotlib.pyplotのインポート

In

```
import matplotlib.pyplot as plt
```

リスト6.64 補間結果のグラフ化

In

```
x2 = np.linspace(x.min(), x.max(), 100)

fig, ax = plt.subplots(constrained_layout=True)

# データ点と多項式補間をプロット
ax.plot(x, y, 'o', label='data points')
ax.plot(x2, p(x2), 'b', label='interpolation')
ax.set_xlabel('x')
ax.set_ylabel('y')
ax.legend()
```

Out

```
<matplotlib.legend.Legend at 0x2284dd4fb48>
```

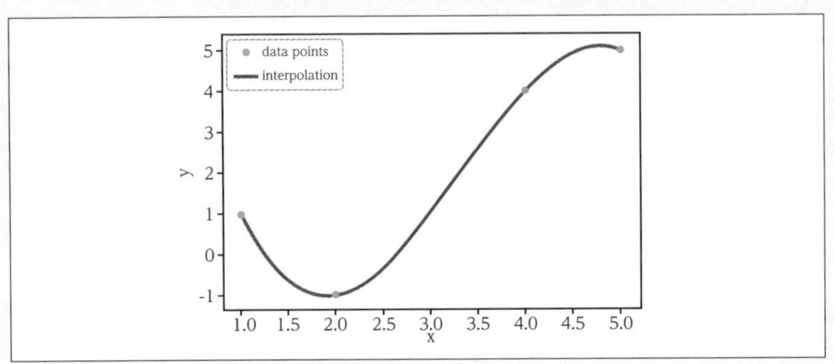

多項式補間ではデータ点数が増加するとそれに応じて高次の多項式を使用することになります。しかし、高次の多項式での補間に発生する問題があります。この問題を示すため、式 6.17の関数に対して変数区間$[-1, 1]$における9個の等間隔分点を用いて多項式補間を行ってみます。

$$f(x) = \frac{1}{25x^2+1} \tag{6.17}$$

リスト6.65では、関数上の等間隔なデータ点を作成し、その多項式補間を求めています。そして、式 6.17と求めた多項式補間の曲線をグラフ化しています。結果の図を見てわかるように、区間の端に近づくにつれて補間結果が振動しています。これはルンゲ現象と呼ばれており、等間隔のデータ点で高次の多項式補間を行うと発生します。多項式補間にはこの現象の危険があるので、データ点数が多い場合はスプライン補間などがよく使われます。

リスト6.65 ルンゲ現象の例

In

```
def runge(x):
    return 1 / (25 * x**2 + 1)


x1 = np.linspace(-1, 1, 9)
p = P.fit(x1, runge(x1), 9)


x2 = np.linspace(-1, 1, 300)
```

```
fig, ax = plt.subplots(constrained_layout=True)

ax.plot(x1, runge(x1), 'o', label='data points')
ax.plot(x2, runge(x2), 'k--', label='runge(x)')
ax.plot(x2, p(x2), 'b', label='8th order interpolation')
ax.set_xlabel('x')
ax.set_ylabel('y')
ax.legend()
```

Out

```
C:¥Users¥mydev¥Anaconda3¥lib¥site- ➡
packages¥numpy¥polynomial¥_polybase.py:877: RankWarning: ➡
The fit may be poorly conditioned
  res = cls._fit(xnew, y, deg, w=w, rcond=rcond, full=full)
<matplotlib.legend.Legend at 0x186ff59c688>
```

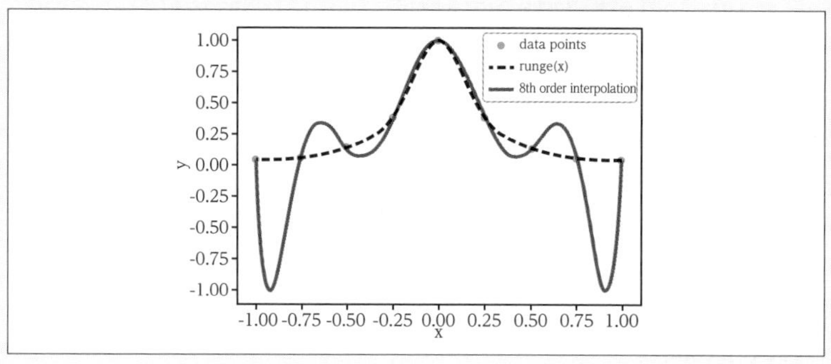

6.4.3 スプライン補間

補間の領域をデータ点で切り分けて小区間を考えます。n個のデータ点がある場合、領域には$n-1$個の小区間があります。この小区間ごとに個別の多項式を用いて補間を行う方法を、区分的多項式補間と呼びます。2次以上の多項式を用いる区分的多項式補間はスプライン補間と呼ばれ、最もよく使われるのは3次のスプライン補間です。

SciPyの`interpolate`モジュールには、補間のための関数やクラスが実装されています。3次スプライン補間には`interp1d`クラスや`InterpolatedUnivariateSpline`

クラスを使います。これらの第1引数と第2引数にデータ点のxとyの配列を渡します。interp1dクラスではkind引数で補間の種類や次数を指定します。kind=3(またはkind='cubic')と指定することで3次スプライン補間が計算されます。一方InterpolatedUnivariateSplineクラスではk引数でスプライン補間の次数を選択できます(デフォルトは3次)。作成されたオブジェクトに数値やNumPyの配列を渡すことにより、任意の点における補間関数の値を求めることができます。

式 6.17のルンゲ関数のデータ点に対してInterpolatedUnivariateSplineクラスで3次スプライン補間を求めてみます(リスト6.66)。ここでも9個の等間隔に並んだデータ点を使用しています。補間結果には以前のような振動がないことがわかります。

リスト6.66 ルンゲ関数の3次スプライン補間

In

```
from scipy import interpolate

spl = interpolate.InterpolatedUnivariateSpline(x1,
                                               runge(x1))

fig, ax = plt.subplots(constrained_layout=True)

ax.plot(x1, runge(x1), 'o', label='data points')
ax.plot(x2, runge(x2), 'k--', label='runge(x)')
ax.plot(x2, spl(x2), 'b', label='3rd order spline')
ax.set_xlabel('x')
ax.set_ylabel('y')
ax.legend()
```

Out

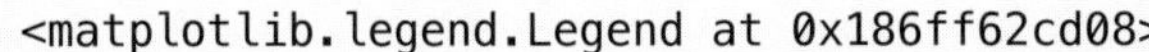

```
<matplotlib.legend.Legend at 0x186ff62cd08>
```

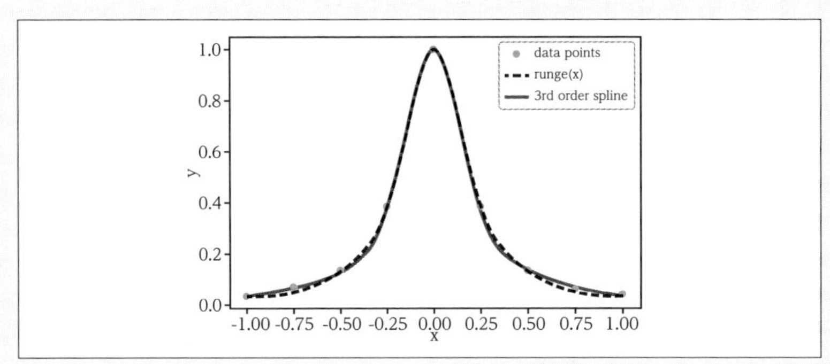

スプライン補間はある区間で傾きが大きく変わる場合に、その近傍の補間結果に起伏が生じる性質があります。そのようなデータの補間にはPchipInterpolatorクラスを使った区分的3次エルミート補間(PCHIP補間)が適しています。リスト6.67では3次スプラインとPCHIPによる補間の結果を比較しています。PCHIPの結果には3次スプラインに見られる起伏がありません。

リスト6.67 PCHIP補間

In

```
x = np.linspace(-3, 3, 7)
y = np.array([-1, -1, -1, 0, 1, 1, 1])

spl = interpolate.InterpolatedUnivariateSpline(x, y)
pchip = interpolate.PchipInterpolator(x, y)

x2 = np.linspace(-3, 3, 300)

fig, ax = plt.subplots(constrained_layout=True)

ax.plot(x, y, 'o', label='data points')
ax.plot(x2, spl(x2), 'b', label='3rd order spline')
ax.plot(x2, pchip(x2), 'k', label='PCHIP')
ax.set_xlabel('x')
ax.set_ylabel('y')
```

```
ax.legend()
```

Out

```
<matplotlib.legend.Legend at 0x186ff6b7e08>
```

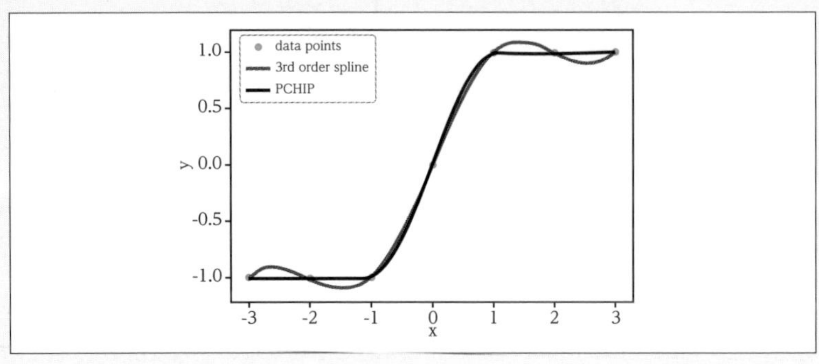

CHAPTER 7

pandasによるデータ処理と分析

Pythonではpandasを使用し、構造化されたデータを効率的に処理、分析できます。本章では、pandasの基本的な機能や使用方法を解説します。

7.1 pandasの準備

本節ではpandasの概要と、利用するための方法を解説します。

7.1.1 pandasとは

pandasは高機能で使いやすいデータ構造と、そのデータを分析する便利な機能を提供するパッケージです。特にデータフレーム(DataFrame)という表形式データを扱うデータ構造がデータ分析では活躍します。テキストファイル、Excel、SQLデータベースなどのフォーマットからデータをデータフレームとして読み込み、データ分析の前処理から基本的な統計処理まで行うことができます。

- pandasの公式サイト
  URL https://pandas.pydata.org/

7.1.2 pandasのインポート

pandasはリスト7.1を実行してインポートします。pandasは慣例的にpdという名前でインポートされます。

リスト7.1 pandasのインポート

In

```
import pandas as pd
```

7.2 pandasのデータ構造の作成

本節ではpandasでよく使われるシリーズとデータフレームの作成方法について解説します。

7.2.1 シリーズ

pandasのシリーズ(Series)オブジェクトは1次元のデータを扱うデータ構造です。リスト7.2のようにリストやNumPyの配列の1次元データからシリーズを作成できます。シリーズの要素には数値だけでなく、どのような型のオブジェクトでも指定できます。シリーズは表形式データにおける1つの列のようなもので、左側に行ラベル、右側に値が表示されます。

リスト7.2 シリーズの作成①

In

```
import pandas as pd
import numpy as np

s = pd.Series(np.random.randn(5))
s
```

Out

```
0    0.239471
1    0.109577
2   -0.365545
3    0.835787
4    0.550348
dtype: float64
```

リスト7.3のようにindex引数に行ラベルをまとめたリストを渡すことで、シリーズの行ラベルを設定できます。シリーズでは各行のラベル名で要素を参照できます。また、シリーズの名前をname引数で設定できます。

リスト7.3 シリーズの作成②

In

```
s = pd.Series(np.random.randn(5), name='X',
              index=['a', 'b', 'c', 'd', 'e'])
s
```

Out

```
a   -1.511994
b    0.191337
c   -0.382243
d    0.224895
e   -1.190197
Name: X, dtype: float64
```

ほかにもSeriesクラスに辞書でデータを渡すと、その辞書のキーを行ラベルとするシリーズが作られます(リスト7.4)。

リスト7.4 シリーズの作成③

In

```
s = pd.Series({'a':1, 'b':2, 'c':3}, name='X')
s
```

Out

```
a    1
b    2
c    3
Name: X, dtype: int64
```

シリーズの名前と行ラベルはname属性とindex属性で参照でき、リスト7.5のように後からでも変更できます。

リスト7.5 シリーズの名前と行ラベルの参照

In

```
s.name = 'Y'
s.index = ['d', 'e', 'f']
```

```
s
```

Out

```
d    1
e    2
f    3
Name: Y, dtype: int64
```

リスト7.6のようにシリーズの大きさ、値、データ型を参照する属性も用意されています。

リスト7.6 シリーズの大きさ、値、データ型の参照

In

```
print(s.shape)
print(s.values)
print(s.dtype)
```

Out

```
(3,)
[1 2 3]
int64
```

7.2.2 データフレーム

データフレームはシリーズを複数並べたようなもので、行と列を持つ表形式のデータ構造です。データフレームには行ラベルだけでなく列ラベルも設定できます。リスト7.7のようにDataFrameクラスに2次元のリストやNumPyの配列を渡します。また、行と列のラベルをindex引数とcolumns引数で設定します。

リスト7.7 データフレームの作成①

In

```
np.random.seed(0)
df = pd.DataFrame(
    np.random.randn(5, 3),
    index=['a', 'b', 'c', 'd', 'e'],
```

```
    columns=['X', 'Y', 'Z']
)
df
```

Out

	X	Y	Z
a	1.764052	0.400157	0.978738
b	2.240893	1.867558	-0.977278
c	0.950088	-0.151357	-0.103219
d	0.410599	0.144044	1.454274
e	0.761038	0.121675	0.443863

列ラベルをキーとする辞書を渡すことでもデータフレームを作成できます(リスト7.8)。

リスト7.8 データフレームの作成②

In

```
df = pd.DataFrame(
    {'X': [1, 2, 3, 4], 'Y': ['5', '6', '7', '8']},
    index=['a', 'b', 'c', 'd']
)
df
```

Out

	X	Y
a	1	5
b	2	6
c	3	7
d	4	8

データフレームの各列のデータ型はdtypes属性で参照できます(リスト7.9)。

リスト7.9 dtypes属性の例

In

```
df.dtypes
```

Out

```
X      int64
Y     object
dtype: object
```

7.3 データフレームの基本的な操作

本節ではデータフレームの基本的な操作方法を解説します。

7.3.1 データの表示

リスト7.10を実行してサンプルのデータフレームを作成しておきます。

リスト7.10 データフレームの作成

In

```
np.random.seed(0)
df = pd.DataFrame(
    np.random.randn(6, 3),
    index=['a', 'b', 'c', 'd', 'e', 'f'],
    columns=['X', 'Y', 'Z']
)
df
```

Out

	X	Y	Z
a	1.764052	0.400157	0.978738
b	2.240893	1.867558	-0.977278
c	0.950088	-0.151357	-0.103219
d	0.410599	0.144044	1.454274
e	0.761038	0.121675	0.443863
f	0.333674	1.494079	-0.205158

リスト7.11のようにinfoメソッドを呼び出すと、そのデータフレームの概要が表示されます。各列のデータの数や型、データフレームのメモリ使用量などが確認できます。

リスト7.11 infoメソッドの例

In

```
df.info()
```

Out

```
<class 'pandas.core.frame.DataFrame'>
Index: 6 entries, a to f
Data columns (total 3 columns):
 #   Column  Non-Null Count  Dtype
---  ------  --------------  -----
 0   X       6 non-null      float64
 1   Y       6 non-null      float64
 2   Z       6 non-null      float64
dtypes: float64(3)
memory usage: 192.0+ bytes
```

大きいデータフレームの中身を確認するときにはheadメソッドが便利です。headメソッドを呼び出すとリスト7.12のように先頭の5行分のデータが表示されます。引数には表示する行数を指定できます。

リスト7.12 headメソッドの例

In

```
df.head()
```

Out

	X	Y	Z
a	1.764052	0.400157	0.978738
b	2.240893	1.867558	-0.977278
c	0.950088	-0.151357	-0.103219
d	0.410599	0.144044	1.454274
e	0.761038	0.121675	0.443863

逆に、末尾のデータを確認するにはtailメソッドを使います。リスト7.13では末尾の3行分のデータを表示しています。

リスト7.13 tailメソッドの例

In

```
df.tail(3)
```

Out

	X	Y	Z
d	0.410599	0.144044	1.454274
e	0.761038	0.121675	0.443863
f	0.333674	1.494079	-0.205158

行ラベルと列ラベルはindex属性とcolumns属性で参照できます(リスト7.14)。

リスト7.14 index属性の例

In

```
df.index
```

Out

```
Index(['a', 'b', 'c', 'd', 'e', 'f'], dtype='object')
```

NumPyの配列として値を取得するにはvalues属性を使います。リスト7.15ではvalues属性を使って先頭の3行分の値を表示しています。

リスト7.15 values属性の例

In

```
df.values[:3, :]
```

Out

```
array([[ 1.76405235,  0.40015721,  0.97873798],
       [ 2.2408932 ,  1.86755799, -0.97727788],
       [ 0.95008842, -0.15135721, -0.10321885]])
```

 7.3.2 統計量の計算

pandasのデータ構造には基本的な統計量を計算するメソッドが用意されています。データフレームでは各列の平均や標準偏差をmeanメソッドやstdメソッドで求めることができます。また、基本的な統計量をまとめて表示するdescribeメソッドも用意されています(リスト7.16)。

リスト7.16 describeメソッドの例

In

```
df.describe()
```

Out

	X	Y	Z
count	6.000000	6.000000	6.000000
mean	1.076724	0.646026	0.265203
std	0.766714	0.828799	0.878143
min	0.333674	-0.151357	-0.977278
25%	0.498208	0.127267	-0.179673
50%	0.855563	0.272100	0.170322
75%	1.560561	1.220599	0.845019
max	2.240893	1.867558	1.454274

7.3.3 データの参照

データフレームのデータは様々な方法で参照できます。単純な方法としては、辞書のデータを参照するような [] による添字表記が使えます。ある列を参照するにはリスト7.17のように列ラベルを指定します。ここではXの列データを参照しています。取得した列データはシリーズとなります。

リスト7.17 列ラベルによる参照

In

```
df['X']
```

Out

```
a    1.764052
b    2.240893
c    0.950088
d    0.410599
e    0.761038
f    0.333674
Name: X, dtype: float64
```

参照する行も指定したい場合はloc属性を使います。loc属性に添字表記で行ラベルと列ラベルを指定します。ラベル名でのスライシングで範囲を指定できますが、範囲の終端の要素も含まれることに注意してください。リスト7.18ではX列のb行からe行までを参照しています。

リスト7.18 loc属性の例①

In

```
df.loc['b':'e', 'X']
```

Out

```
b    2.240893
c    0.950088
d    0.410599
e    0.761038
Name: X, dtype: float64
```

リスト7.19のように行ラベルだけを指定すれば、その行をシリーズとして参照できます。

リスト7.19 loc属性の例②

In

```
df.loc['a']
```

Out

```
X    1.764052
Y    0.400157
```

```
Z    0.978738
Name: a, dtype: float64
```

連続していない複数の行や列を参照する場合は、ラベル名をリストにまとめて指定します。リスト7.20はX列とZ列のb行からe行を参照しています。

リスト7.20 loc属性の例③

In

```
df.loc['b':'e', ['X', 'Z']]
```

Out

	X	Z
b	2.240893	-0.977278
c	0.950088	-0.103219
d	0.410599	1.454274
e	0.761038	0.443863

ラベル名ではなくインデックスで範囲を選択するにはiloc属性を使います。リスト7.21は2列目の先頭の3行を参照しています。

リスト7.21 iloc属性の例

In

```
df.iloc[:3, 1]
```

Out

```
a    0.400157
b    1.867558
c   -0.151357
Name: Y, dtype: float64
```

データフレームの特定の値はat属性を使って選択します（リスト7.22）。loc属性でも同じように1つの値を参照できますが、処理はat属性を使う方が高速です。

リスト7.22 at属性の例

In

```
df.at['a', 'X']
```

Out

```
1.764052345967664
```

インデックスで特定の値を参照するにはiat属性を使います(リスト7.23)。こちらもiloc属性を使うよりも処理が高速です。

リスト7.23 iat属性の例

In

```
df.iat[1, 2]
```

Out

```
-0.977277879876411
```

7.3.4 基本的な演算

データの型が数値であれば算術演算子による四則演算ができます。データフレームと1つの数値との演算では、データフレームの各要素とその数値が演算されます。これはシリーズと数値との演算でも同様です。リスト7.24を実行すると、各要素に10が足されたデータフレームが作成されます。

リスト7.24 算術演算の例①

In

```
df + 10
```

Out

	X	Y	Z
a	11.764052	10.400157	10.978738
b	12.240893	11.867558	9.022722
c	10.950088	9.848643	9.896781
d	10.410599	10.144044	11.454274
e	10.761038	10.121675	10.443863
f	10.333674	11.494079	9.794842

データフレームの形状が同じ、つまり行数と列数が同じであれば、データフレーム同士の演算も行えます。この場合は同じ位置の要素同士で演算されます。リスト7.25では各要素の値が2倍になったデータフレームが作成されます。

リスト7.25 算術演算の例②

In

```
df + df
```

Out

	X	Y	Z
a	3.528105	0.800314	1.957476
b	4.481786	3.735116	-1.954556
c	1.900177	-0.302714	-0.206438
d	0.821197	0.288087	2.908547
e	1.522075	0.243350	0.887726
f	0.667349	2.988158	-0.410317

シリーズ同士の演算でも同じ位置の要素同士で演算が行われ、結果がシリーズで返されます。リスト7.26ではX列とY列を足した結果をX+Y列としてデータフレームに追加しています。このように、データフレームには後からデータを追加することもできます。

リスト7.26 列の追加

In

```
df['X+Y'] = df['X'] + df['Y']
df
```

Out

	X	Y	Z	X+Y
a	1.764052	0.400157	0.978738	2.164210
b	2.240893	1.867558	-0.977278	4.108451
c	0.950088	-0.151357	-0.103219	0.798731
d	0.410599	0.144044	1.454274	0.554642
e	0.761038	0.121675	0.443863	0.882713
f	0.333674	1.494079	-0.205158	1.827753

逆に、データフレームの行や列を削除するにはdropメソッドを使います。引数にaxis=1と指定すると列の削除になります。また通常は新しいデータフレームが作成されますが、引数にinplace=Trueを指定すれば元のデータフレームが更新されます。リスト7.27を実行すればX+Y列が削除されます。

リスト7.27 列の削除

In

```
df.drop('X+Y', axis=1, inplace=True)
df
```

Out

	X	Y	Z
a	1.764052	0.400157	0.978738
b	2.240893	1.867558	-0.977278
c	0.950088	-0.151357	-0.103219
d	0.410599	0.144044	1.454274
e	0.761038	0.121675	0.443863
f	0.333674	1.494079	-0.205158

算術演算子と同じように比較演算子での演算も行えます。リスト7.28のようにデータフレームと数値を比較すると、各要素と数値の比較結果からなるデータフレームが作成されます。

リスト7.28 比較演算の例

In

```
df > 0
```

Out

	X	Y	Z
a	True	True	True
b	True	True	False
c	True	False	False
d	True	True	True
e	True	True	True
f	True	True	False

要素がブール値のデータフレームに対しては論理演算子が使えます。リスト7.29のように~演算子によって各要素の値が反転します。論理和や論理積を表すにはそれぞれ|演算子と&演算子を使います。これらを組み合わせ、複雑な条件に対するブール値のデータフレームを作成できます。

リスト7.29 論理演算の例

In

```
~(df > 0)
```

Out

	X	Y	Z
a	False	False	False
b	False	False	True
c	False	True	True
d	False	False	False
e	False	False	False
f	False	False	True

NumPyのユニバーサル関数にpandasのデータ構造を渡すこともできます。データ構造の各要素に対して処理が行われ、その結果が返されます。リスト7.30はNumPyのabs関数にデータフレームを渡し、各要素の絶対値からなるデータフレームを作成しています。

リスト7.30 ユニバーサル関数の例

In

```
np.abs(df)
```

Out

	X	Y	Z
a	1.764052	0.400157	0.978738
b	2.240893	1.867558	0.977278
c	0.950088	0.151357	0.103219
d	0.410599	0.144044	1.454274
e	0.761038	0.121675	0.443863
f	0.333674	1.494079	0.205158

データフレームのapplyメソッドを用いると、各行や各列を指定の関数に渡し、その返り値からなるデータ構造を作ることができます。applyメソッドの引数には適用する関数オブジェクトを指定します。指定する自作関数が簡単なものであればlambda式を使うと短く書けます。リスト7.31では各列を一時変数xに代入してmax(x) - min(x)を求め、その返り値からなるシリーズを作成しています。デフォルトでは各列に対して関数が適用され、各行に対して関数を適用する場合はapplyメソッドの引数にaxis=1と指定します。

リスト7.31 applyメソッドの例

In

```
df.apply(lambda x: max(x) - min(x))
```

Out

```
X    1.907219
Y    2.018915
Z    2.431551
dtype: float64
```

7.3.5 フィルタリング

データフレームから特定の条件に合うデータを抽出する作業、フィルタリングを行うことができます。リスト7.32のようにブール値からなる同じ形状のデータフレームを添字表記で指定します。この例では0よりも大きい要素が残り、条件から外れる要素が欠損値NaN(Not a Number)になります。

リスト7.32 フィルタリングの例①

In

```
df[df>0]
```

Out

	X	Y	Z
a	1.764052	0.400157	0.978738
b	2.240893	1.867558	NaN
c	0.950088	NaN	NaN
d	0.410599	0.144044	1.454274
e	0.761038	0.121675	0.443863
f	0.333674	1.494079	NaN

要素がブール値のシリーズを指定した場合は要素がTrueの行だけが選択されます。リスト7.33ではZ列の要素が0より大きい行を選択しています。

リスト7.33 フィルタリングの例②

In

```
df[df['Z']>0]
```

Out

	X	Y	Z
a	1.764052	0.400157	0.978738
d	0.410599	0.144044	1.454274
e	0.761038	0.121675	0.443863

条件による行の抽出はloc属性でも行えます。リスト7.34はデータフレームからZ列の要素が0より大きい行だけを残し、そこからX列を選択しています。

リスト7.34 フィルタリングの例③

In

```
df.loc[df['Z']>0, 'X']
```

Out

```
a    1.764052
d    0.410599
```

```
e    0.761038
Name: X, dtype: float64
```

データフレームのwhereメソッドは条件に外れる要素をNaNにしたデータフレームを作成します。リスト7.35のように置き換える値を第2引数で指定することもできます。ここでは条件に外れる要素を0に置き換えています。

リスト7.35 whereメソッドの例

In

```
df.where(df>0, 0)
```

Out

	X	Y	Z
a	1.764052	0.400157	0.978738
b	2.240893	1.867558	0.000000
c	0.950088	0.000000	0.000000
d	0.410599	0.144044	1.454274
e	0.761038	0.121675	0.443863
f	0.333674	1.494079	0.000000

逆に、条件に合う要素をNaNにしたデータフレームを作成するにはmaskメソッドを使います。リスト7.36ではZ列の要素が0より大きい行を0に置き換えたデータフレームを作成しています。

リスト7.36 maskメソッドの例

In

```
df.mask(df['Z']>0, 0)
```

Out

	X	Y	Z
a	0.000000	0.000000	0.000000
b	2.240893	1.867558	-0.977278
c	0.950088	-0.151357	-0.103219
d	0.000000	0.000000	0.000000
e	0.000000	0.000000	0.000000
f	0.333674	1.494079	-0.205158

7.3.6 データの並べ替え

データフレームのsort_indexメソッドは行ラベルや列ラベルの昇順・降順でデータを並べ替えるメソッドです。リスト7.37では行ラベルの降順でデータを並べ替えています。ascending引数のTrueとFalseで並びの昇順と降順を選択します。なお、列ラベルについて並べ替えるには引数にaxis=1と指定します。と指定します。

リスト7.37 sort_indexメソッドの例

In

```
df.sort_index(ascending=False)
```

Out

	X	Y	Z
f	0.333674	1.494079	-0.205158
e	0.761038	0.121675	0.443863
d	0.410599	0.144044	1.454274
c	0.950088	-0.151357	-0.103219
b	2.240893	1.867558	-0.977278
a	1.764052	0.400157	0.978738

ある行や列の値に従って並べ替える場合はsort_valuesメソッドを使用し

ます。リスト7.38はX列の値が降順になるように並べ替えています。

リスト7.38 sort_valuesメソッドの例

In

```
df.sort_values('X', ascending=False)
```

Out

	X	Y	Z
b	2.240893	1.867558	-0.977278
a	1.764052	0.400157	0.978738
c	0.950088	-0.151357	-0.103219
e	0.761038	0.121675	0.443863
d	0.410599	0.144044	1.454274
f	0.333674	1.494079	-0.205158

7.3.7 データフレームの結合

複数のデータフレームを1つにまとめるには様々な方法があります。説明のためにリスト7.39からリスト7.41の3つのデータフレームを作成しておきます。

リスト7.39 データフレームの作成①

In

```
df1 = pd.DataFrame({'X': [1, 2, 3], 'Y': [-1, -2, -3]},
                   index=['a', 'b', 'c'])
df1
```

Out

	X	Y
a	1	-1
b	2	-2
c	3	-3

リスト7.40 データフレームの作成②

In

```
df2 = pd.DataFrame({'X': [4, 5, 6], 'Y': [-4, -5, -6]},
                   index=['d', 'e', 'f'])
df2
```

Out

	X	Y
d	4	-4
e	5	-5
f	6	-6

リスト7.41 データフレームの作成③

In

```
df3 = pd.DataFrame({'X': [7, 8, 9], 'Z': [-7, -8, -9]},
                   index=['a', 'b', 'c'])
df3
```

Out

	X	Z
a	7	-7
b	8	-8
c	9	-9

指定の方向に複数のデータフレームを結合させるにはconcat関数を使います。デフォルトでは指定のデータフレームが縦方向に結合されます。リスト7.42ではdf1とdf2を縦方向に結合しています。

リスト7.42 concat関数の例①

In

```
pd.concat([df1, df2])
```

Out

	X	Y
a	1	-1
b	2	-2
c	3	-3
d	4	-4
e	5	-5
f	6	-6

引数にaxis=1と指定すればデータフレームは横方向に結合されます。リスト7.43ではdf2とdf1を横方向に結合しています。値のない箇所にはNaNが入ります。デフォルトの挙動では、出力されるデータフレームのデータは行ラベルについて昇順で並べ替えられてしまいます。引数にsort=Falseと指定すれば、データの並べ替えを止めることができます。

リスト7.43 concat関数の例②

In

```
pd.concat([df2, df1], axis=1, sort=False)
```

Out

	X	Y	X	Y
d	4.0	-4.0	NaN	NaN
e	5.0	-5.0	NaN	NaN
f	6.0	-6.0	NaN	NaN
a	NaN	NaN	1.0	-1.0
b	NaN	NaN	2.0	-2.0
c	NaN	NaN	3.0	-3.0

引数にjoin='inner'と指定すると、列ラベルが一致している列だけが結合されます。df1とdf3ではX列だけ一致しているので、リスト7.44を実行するとdf1とdf3のX列が結合したデータフレームが作成されます。

リスト7.44 concat関数の例③

In

```
pd.concat([df1, df3], join='inner')
```

Out

	X
a	1
b	2
c	3
a	7
b	8
c	9

同名の列を持つ複数のデータフレームであればmerge関数やデータフレームのmergeメソッドを使用できます。これらは、その同名の列において同じ値がある行をまとめたデータフレームを返します。まずはリスト7.45とリスト7.46を実行してkey列を持ったdf1とdf2を定義しておきます。df1とdf2のkey列は'k1'と'k2'が同じ値です。

リスト7.45 データフレームの作成④

In

```
df1['key'] = ['k0', 'k1', 'k2']
df1
```

Out

	X	Y	key
a	1	-1	k0
b	2	-2	k1
c	3	-3	k2

リスト7.46 データフレームの作成⑤

In

```
df2['key'] = ['k1', 'k2', 'k3']
df2
```

Out

	X	Y	key
d	4	-4	k1
e	5	-5	k2
f	6	-6	k3

キーとする列をon引数で指定してmerge関数を呼び出します。リスト7.47ではon引数にkey列を指定してdf1とdf2を結合しています。結合するデータフレームに重複する列名がある場合はX_xのように区別できる名前が割り当てられます。

リスト7.47 merge関数の例①

In

```
pd.merge(df1, df2, on='key')
```

Out

	X_x	Y_x	key	X_y	Y_y
0	2	-2	k1	4	-4
1	3	-3	k2	5	-5

デフォルトではキーとした列の値が一致する行だけがまとめられますが、how引数で結合の方法を選択できます。例えばhow='left'では第1引数のデータフレームのkey列についてまとめられます。リスト7.48ではhow='outer'と指定し、両方のkey列を使ってデータフレームを結合しています。

リスト7.48 merge関数の例②

In

```
pd.merge(df1, df2, on='key', how='outer')
```

Out

	X_x	Y_x	key	X_y	Y_y
0	1.0	-1.0	k0	NaN	NaN
1	2.0	-2.0	k1	4.0	-4.0
2	3.0	-3.0	k2	5.0	-5.0
3	NaN	NaN	k3	6.0	-6.0

7.3.8 グルーピング

データフレームのgroupbyメソッドは指定の列についてデータをグループ分けし、そのグループごとに処理を行うためのメソッドです。まずはリスト7.49のデータフレームを作成しておきます。

リスト7.49 データフレームの作成

In

```
df = pd.DataFrame({
    'X': ['a', 'c', 'b', 'a', 'b', 'c'],
    'Y': [1, 3, 2, 3, 2, 3],
    'Z': np.random.randn(6)
})
df
```

Out

	X	Y	Z
0	a	1	0.313068
1	c	3	-0.854096
2	b	2	-2.552990
3	a	3	0.653619
4	b	2	0.864436
5	c	3	-0.742165

このデータフレームのX列にはaからcの文字列が入っています。リスト7.50はX列に同じ値が入っている行をgroupbyメソッドでまとめ、sumメソッドでその合計をその合計を求めています。sumメソッドだけでなくmeanメソッドやstdメソッドなどの統計量を求めるメソッドも使うことができます。

リスト7.50 groupbyメソッドの例①

In

```
df.groupby('X').sum()
```

Out

	Y	Z
X		
a	4	0.966686
b	4	-1.688554
c	6	-1.596261

複数の列名をリストにまとめて指定することもできます。リスト7.51ではX列とY列の値の組み合わせでグループ分けし、そのグループでの最大値を求めています。

リスト7.51 groupbyメソッドの例②

In

```
df.groupby(['X', 'Y']).max()
```

Out

		Z
X	**Y**	
a	**1**	0.313068
	3	0.653619
b	**2**	0.864436
c	**3**	-0.742165

7.4 データフレームのグラフの作成

本節ではMatplotlibとSeabornを用いてデータフレームのグラフを作成する方法を解説します。

7.4.1 Matplotlib

pandasのシリーズとデータフレームにはplotメソッドが用意されており、それを呼び出すことでグラフを作成することができます。Jupyter Notebookでグラフを作る場合はmatplotlib.pyplotをインポートしておきます（リスト7.52）。リスト7.53では正規分布のデータを持つデータフレームを作成し、各列のデータのヒストグラムを作成しています。作成するグラフの種類はkind引数で指定します。また、グラフの種類はdf.plot.histのようにして選択することもできます。

リスト7.52 matplotlib.pyplotのインポート

In

```
import matplotlib.pyplot as plt
```

リスト7.53 Matplotlibで作成したヒストグラム

In

```
df = pd.DataFrame({
    'a': np.random.randn(1000),
    'b': np.random.normal(2, 0.8, 1000),
    'c': np.random.normal(4, 1.0, 1000),
    'd': np.random.normal(6, 1.2, 1000)
})

# df.plot.hist(alpha=0.5, bins=30) でも可
df.plot(kind="hist", alpha=0.5, bins=30)
```

Out

```
<matplotlib.axes._subplots.AxesSubplot at 0x1e913863908>
```

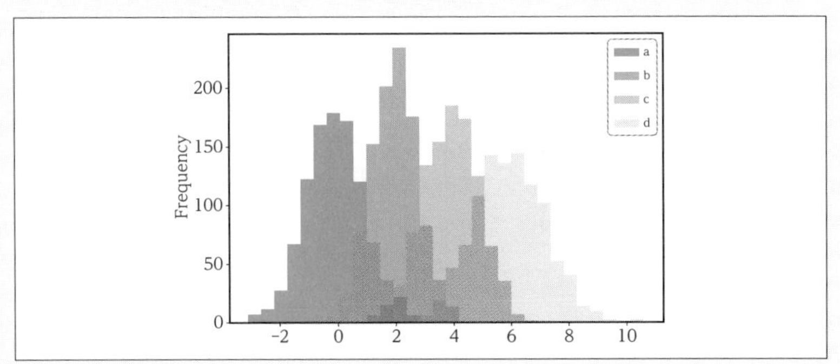

複数のグラフを並べる場合には`plt.subplots`関数などを使います。リスト7.54のように`plot`メソッドの`ax`引数に描画する位置の`Axes`オブジェクトを渡します。この例ではデータの箱ひげ図と、推定した確率密度関数のグラフを並べています。

リスト7.54 `plt.subplots`関数の例

In

```
fig, axs = plt.subplots(1, 2, figsize=(8, 4),
                        constrained_layout=True)

df.plot(ax=axs[0], kind='box')
df.plot(ax=axs[1], kind='kde')
```

Out

```
<matplotlib.axes._subplots.AxesSubplot at 0x1e914232a08>
```

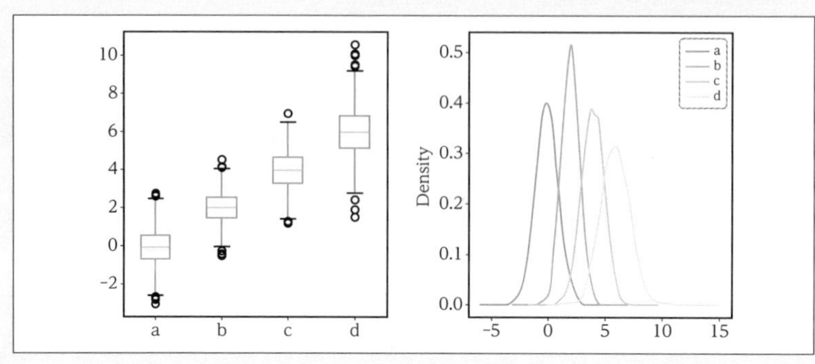

7.4.2 Seaborn

SeabornはMatplotlibを基盤にして作られた、統計向けの可視化ライブラリです。Seabornにはデータ分析に役立つグラフを作成する関数が多数用意されています。Seabornは一般的にsnsという名前でインポートされます。

グラフのフォントやスタイルの設定はsns.set関数で行えます。フォントはfont引数で指定し、日本語フォントも使えます。

Seabornにはサンプルのデータセットが用意されており、それをload_dataset関数でデータフレームとして利用できます。リスト7.55ではirisというデータセットを読み込んでいます。これはsetosa、versicolor、virginicaという3種類のアヤメにおける、がく片(sepal)と花弁(petal)の長さと幅のデータを集めたものです。

リスト7.55 irisデータセットの読み込み

In

```
import seaborn as sns

df = sns.load_dataset('iris')
df.head()
```

Out

	sepal_length	sepal_width	petal_length	petal_width	species
0	5.1	3.5	1.4	0.2	setosa
1	4.9	3.0	1.4	0.2	setosa
2	4.7	3.2	1.3	0.2	setosa
3	4.6	3.1	1.5	0.2	setosa
4	5.0	3.6	1.4	0.2	setosa

リスト7.56では各アヤメのsepal_lengthとsepal_widthの散布図を作成しています。散布図はscatterplot関数で作成でき、プロットするデータの列をx引数とy引数に指定します。hue引数にはグラフの色分けに使う列を指定でき、指定した列の値ごとにマーカーが色分けされます。同様にstyle引数を使い、指定した列の値ごとにマーカーのスタイルを分けることができます。

リスト7.56 Seabornで作成した散布図

In

```
sns.scatterplot(x=df.sepal_length, y=df.sepal_width,
                hue=df.species, style=df.species)
```

Out

```
<matplotlib.axes._subplots.AxesSubplot at 0x1e9161c3148>
```

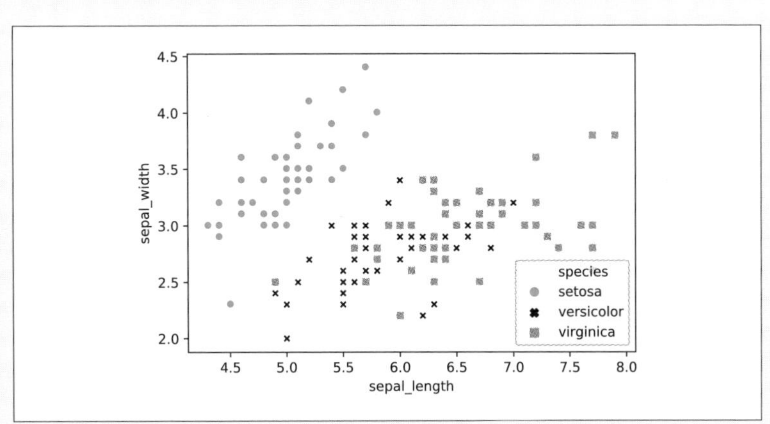

Seabornのpairplot関数は指定のデータフレームから散布図行列(ペアプロット)を作成します。散布図行列は複数の変数がある場合に、すべての2変数の組み合わせの散布図を作成し、格子状に並べたものです。hue引数を使用している場合、散布図行列の対角要素には推定された確率密度関数の曲線が表示されます。リスト7.57のようにpairplot関数のdata引数にデータフレームを渡し、色分けに使う列のラベルをhue引数で指定します。

リスト7.57 Seabornで作成した散布図行列

In

```
sns.pairplot(data=df, hue='species')
```

Out

```
<seaborn.axisgrid.PairGrid at 0x1e9141be188>
```

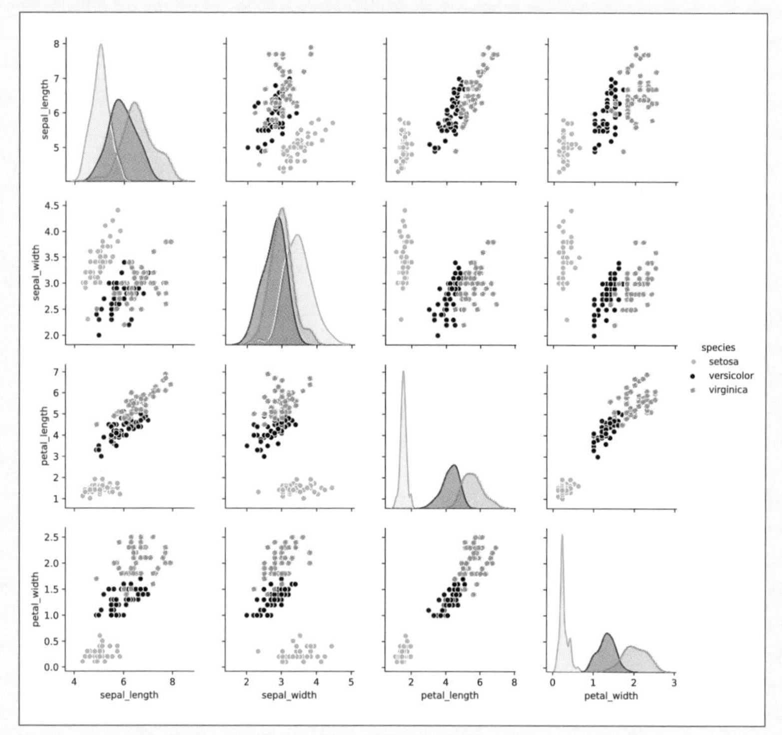

CHAPTER 8

データファイルの入出力

本章ではデータの受け渡しによく利用されるCSV形式、JSON形式のテキストファイルとExcelファイルのデータの入出力について解説します。

8.1 テキストファイルの基本的な入出力

本節では最も基本的なテキストファイルの入出力について解説します。

8.1.1 テキストファイルの準備

IPythonの`%%writefile`コマンドでセルの内容を指定のファイルに書き込むことができます。同名のファイルが存在していると、ファイルは上書きされます。ファイルのエンコーディングはUTF-8になります。

リスト8.1を実行すると`file.txt`が作成されます。セルの2行目以降がファイルに書き込まれます。

リスト8.1 `%%writefile`コマンドの例

In

```
%%writefile file.txt
sample
サンプル
```

Out

```
Writing file.txt
```

8.1.2 open関数によるファイルの読み込み

先程準備したテキストファイルからデータを読み込んでみましょう。これにはリスト8.2のようにPythonの組み込み関数のopen関数を使います。open関数は指定されたファイルを開いてファイルオブジェクトを返します。

ファイルのパスは相対パス、絶対パスどちらでも記述できます。相対パスはプログラムを実行中のフォルダからの位置を表現する方法で、絶対パスはシステムのトップからの位置を表現する方法です。Windowsのフォルダの階層は¥で表すので`r'C:¥test¥file.txt'`のようにraw文字列を使うようにしましょう。

ファイルのエンコーディングはencoding引数で指定します。デフォルトのエンコーディングはプラットフォームによって異なるので、必ずencoding引数を指定するようにします。リスト8.2ではUTF-8のファイルを読み込むのでencoding引数に'utf-8'と指定します。

リスト8.2 テキストファイルを読み込み用のモードで開く

In

```
f = open(r'file.txt', encoding='utf-8')
f
```

Out

```
<_io.TextIOWrapper name='file.txt' mode='r' encoding='utf-8'>
```

そのほかにファイルを開く際のモードをmode引数で指定できます。表8.1にopen関数のモードをまとめました。読み書き両方できるモードには+記号が付いています。mode引数の値はデフォルトでrなので、リスト8.2では読み込みモードでファイルが開かれます。なお、このモードの文字の前にbを付けると、バイナリファイルを読み書きするモードでファイルが開かれます。

	r	r+	w	w+	x	x+	a	a+
読み込み	○	○	×	○	×	○	×	○
書き込み	×	○	○	○	○	○	○	○
ファイルを新規作成	×	×	○	○	○	○	○	○
既存ファイルを削除	×	×	○	○	×	×	×	×
既存ファイルの末尾に追記	×	×	×	×	×	×	○	○

表8.1 open関数の様々なモード

リスト8.3のようにfor文を使うことで、ファイルの文字列を1行ずつ取得できます。print関数はデフォルトでは出力の後に改行を入れてしまいます。end引数に空文字列を指定するとその改行がなくなります。

リスト8.3 ファイルの内容を出力

In

```
for line in f:
```

```
    print(line, end='')
```

Out

```
sample
サンプル
```

作業が終わったら必ずファイルオブジェクトを解放しましょう。ファイルオブジェクトのcloseメソッドを呼び出すとファイルが閉じられ、ファイルオブジェクトが解放されます。

リスト8.4 ファイルを閉じる

In

```
f.close()
```

ファイルオブジェクトにはファイルの内容を取得するメソッドも用意されています。ファイルオブジェクトのreadメソッドを使うと、ファイルの内容全体を1つの文字列として受け取れます。readlinesメソッドはファイルの内容を1行ごとに分割し、リストとして返します。

8.1.3 open関数によるファイルの書き込み

ファイルに書き込む際には、書き込み用のモードでファイルを開きます。リスト8.5では既存ファイルを上書きする読み書きモードでファイルを開いています。writeメソッドで指定の文字列をファイルに書き込めます。

リスト8.5 テキストファイルを書き込み用のモードで開く

In

```
f = open('file.txt', 'w+', encoding='utf-8')
f.write('1 行目¥n2 行目¥n')
```

Out

```
10
```

リスト8.6のようにファイルの内容を出力させてみると、ファイルに文字列が書き込まれていることが確認できます。ファイルオブジェクトはカーソルの位置のような、ファイル中の現在位置に該当する情報を持っています。先程のファイルの書き込みにより、その現在位置がファイルの最後になっています。リスト8.6の`f.seek(0)`は現在位置をファイルの先頭に戻す命令です。

リスト8.6 ファイルの内容を出力

In

```
f.seek(0)

for line in f:
    print(line, end='')

f.close()
```

Out

```
1 行目
2 行目
```

8.1.4 with文

実際にopen関数を使用する場合にはwith文という複合文を使いましょう。とりあえずwith文はファイルを確実に閉じるための文だと思ってください。with文のブロックの処理から抜ける時点で自動的にcloseメソッドが呼ばれ、ファイルが閉じられます。

リスト8.7ではwith文を使ってテキストファイルを読み込んでいます。まずwithキーワードの後のopen関数が実行され、返されるファイルオブジェクトがasキーワードの後の変数に代入されます。そしてブロックの処理が実行されます。ブロックの処理が正常に終了するか、エラーが起きると、自動的にファイルオブジェクトが解放されます。

リスト8.7 with文の例

In

```
with open('file.txt', encoding='utf-8') as f:
    for line in f:
        print(line, end='')
```

Out

```
1 行目
2 行目
```

8.2 CSV 形式を扱う

本節ではCSV形式のテキストファイルの入出力について解説します。

8.2.1 open関数によるCSVファイルの入出力

一般的にデータセットは外部のファイルに格納されており、それをPythonに読み込む必要があります。CSV(Comma-Separated Values)は表形式のデータを格納するためのテキストファイル形式です。この形式は通常,で項目を区切って列挙しています。区切り文字にはスペースやタブなどが使われることもあります。最初の数行はコメント行や列名を格納する行になっているのが一般的です。リスト8.8を実行してサンプルとなるdata.csvを作成しておきます。

リスト8.8 サンプルファイルの作成

In

```
%%writefile data.csv
サンプルデータ
x,y,z
0.1,1.0,-2.0
0.2,1.2,-1.9
0.3,1.3,-1.8
0.4,1.4,-1.7
```

Out

```
Writing data.csv
```

CSVファイルも中身はテキストデータなので、前節のopen関数を使ってファイルの読み書きができます。また、Pythonの標準ライブラリには、CSVファイルからデータを読み出す際に便利なcsvモジュールが用意されています。リスト8.9ではcsv.reader関数にファイルオブジェクトを渡し、リスト内包表記を使ってデータをリストとして取り出しています。作成したリストの要素はすべて文字列であることに注意してください。

リスト8.9 csv.reader関数の例

In

```
import csv

with open(r'data.csv', encoding='utf-8') as f:
    rows = [row for row in csv.reader(f)]

rows
```

Out

```
[['サンプルデータ'],
 ['x', 'y', 'z'],
 ['0.1', '1.0', '-2.0'],
 ['0.2', '1.2', '-1.9'],
 ['0.3', '1.3', '-1.8'],
 ['0.4', '1.4', '-1.7']]
```

逆にCSVファイルにデータを書き込むにはcsv.writer関数を使います。openで関数でファイルを開く際にnewline=''を指定しておくと、意図しない改行が入ってしまうことを防げます。リスト8.10のようにwriterオブジェクトのwriterowsメソッドにリストを渡すと、リストの要素がCSVファイルに書き込まれます。

リスト8.10 csv.writer関数の例

In

```
with open(r'data2.csv', 'w', encoding='utf-8', newline='') as f:
    writer = csv.writer(f)
    writer.writerows(rows)
```

8.2.2 NumPyによるCSVファイルの入出力

NumPyではテキストファイルをloadtxt関数やgenfromtxt関数で読み込むことができます。データに欠損値がある場合にはgenfromtxt関数を使います。CSVファイルのデータもこれらの関数で読み込めます。

リスト8.11ではloadtxt関数を使ってdata.csvからデータを読み込んでいます。CSVファイルを読み込むには区切り文字をdelimiter引数で指定します。先頭の数行が不要であればskiprows引数で読み飛ばす行数を指定します。また、読み込んだデータの型はdtype引数で指定でき、デフォルトではfloat64になります。

リスト8.11 loadtxt関数の例①

In

```
import numpy as np

arr = np.loadtxt(r'data.csv', encoding='utf-8',
                 delimiter=',', skiprows=2)
arr
```

Out

```
array([[ 0.1,  1. , -2. ],
       [ 0.2,  1.2, -1.9],
       [ 0.3,  1.3, -1.8],
       [ 0.4,  1.4, -1.7]])
```

そのほか、リスト8.12のようにusecols引数によって読み込む列を選択し、読み込む行数の上限をmax_rows引数で指定できます。読み込んだ各列を別々の配列として取得したい場合はunpack=Trueと指定しておきます。

リスト8.12 loadtxt関数の例②

In

```
x, y = np.loadtxt(
    r'data.csv',
    encoding='utf-8',
    delimiter=',',
    skiprows=2,
    usecols=(1, 2),
    max_rows=4,
    unpack=True,
```

```
)
x
```

Out

```
array([1. , 1.2, 1.3, 1.4])
```

配列をテキストファイルに出力するのがsavetxt関数です(リスト8.13)。CSVファイルとして保存する際は引数にdelimiter=','を与え、ヘッダ行とコメント行はheader引数とcomments引数で記述します。

リスト8.13 savetxt関数の例

In

```
np.savetxt(
    r'out_np.csv',
    arr,
    encoding='utf-8',
    delimiter=',',
    header='x,y,z',
    comments='サンプルデータ\n',
)
```

8.2.3 pandasによるCSVファイルの入出力

pandasには様々な形式のファイルやデータベースとの間でデータを入出力する機能が備わっています。CSV形式などのテキストファイルからデータを読み込むにはread_csv関数を使用します。この関数はファイルのパスまたはデータソースのURLを受け取り、そこから読み込んだデータを元にデータフレームを作成します。指定できる引数は多く、その中で使用頻度の高いものを表8.2に示します。リスト8.14では列ラベルとなる行番号を指定しています。

引数	説明
skiprows	データの読み取りをスキップする行数、あるいは行番号
sep または delimiter	区切り文字
encoding	ファイルで使用されているエンコーディング名
nrows	データを読み取る行数
header	列ラベルを持つヘッダの行番号

表8.2 read_csv関数の主なキーワード引数

リスト8.14 read_csv関数の例

In

```
import pandas as pd

df = pd.read_csv('data.csv', header=1)
df
```

Out

	x	y	z
0	0.1	1.0	-2.0
1	0.2	1.2	-1.9
2	0.3	1.3	-1.8
3	0.4	1.4	-1.7

リスト8.15のように、データフレームのto_csvメソッドによってデータをCSVファイルに書き出せます。出力ファイルのエンコーディングはencoding引数で設定できます(デフォルトはUTF-8)。

リスト8.15 to_csvメソッドの例

In

```
df.to_csv('out_pd.csv')
```

8.3 JSON形式を扱う

本節ではJSON形式のテキストファイルの入出力について解説します。

8.3.1 JSON形式とは

JSON(JavaScript Object Notation)はリストや辞書の記憶に適した、軽量なテキストファイル形式です。JSON形式のファイルは様々なプログラミング言語で使用でき、データの受け渡しに便利です。JSONも内容はテキストデータなのでopen関数を使ってファイルの読み書きができます。

Pythonには標準ライブラリにJSON形式のデータを扱うためのjsonモジュールがあります。jsonモジュールのdumps関数を用いて、リストなどのPythonオブジェクトからJSON形式の文字列を作成できます。リスト8.16のように、PythonのNoneはJSONではnullと表現されるなどの違いがあります。

リスト8.16 json.dumps関数の例①

In

```
import json

json.dumps([1, 0.3, 'JSON', None, True, [2.0]])
```

Out

```
'[1, 0.3, "JSON", null, true, [2.0]]'
```

リストや辞書を組み合わせた複雑な構造のデータもJSON形式で書き込むことができます。JSON形式ではリスト8.17のような要素の数や大きさが不揃いな辞書なども保存できます。JSONではタプルとリストを区別できず、タプルもリストとして扱われるので注意してください。

リスト8.17 json.dumps関数の例②

In

```
json.dumps({'a': (1, 2, 3), 'b': ['2020', '0102']})
```

Out

```
'{"a": [1, 2, 3], "b": ["2020", "0102"]}'
```

逆にJSON形式の文字列からPythonオブジェクトを作成するにはjson.loads関数を使用します(リスト8.18)。

リスト8.18 json.loads関数の例

In

```
json.loads('[1, 0.3, "JSON", null, true, [2.0]]')
```

Out

```
[1, 0.3, 'JSON', None, True, [2.0]]
```

8.3.2 JSONファイルの入出力

Pythonのオブジェクトを JSONファイルに書き込むにはjson.dump関数を使用します。json.dumps関数と異なり、json.dump関数のメソッドは第2引数にファイルオブジェクトを受け取ります。リスト8.19のようにファイルを書き込みモードで開き、ファイルオブジェクトをjson.dump関数に渡します。

リスト8.19 json.dump関数の例

In

```
data = {
    'str': 'JSON',
    'dict': {'read': 'load', 'write': 'dump'},
    'list': [(1,), (2, 3)],
}

with open(r'test.json', 'w') as f:
    json.dump(data, f)
```

逆にJSON形式のファイルを読み込んでPythonオブジェクトを作成するにはjson.load関数を使用します。今度はファイルを読み込みモードで開き、ファイルオブジェクトをjson.load関数に渡します（リスト8.20）。

リスト8.20 json.load関数の例

In

```
with open(r'test.json') as f:
    data_loaded = json.load(f)

data_loaded
```

Out

```
{'str': 'JSON',
 'dict': {'read': 'load', 'write': 'dump'},
 'list': [[1], [2, 3]]}
```

8.4 Excel ファイルを扱う

Microsoft の Office スイートに含まれる Excel は、世界で最も広く使われている表計算ソフトです。本節では、Python で Excel ファイルの入出力を行う方法を解説します。

8.4.1 Excel ファイルを扱うライブラリ

Python の標準の機能では Excel ファイルをそのまま扱うことはできません。Excel ファイルには XLS 形式（.xls ファイル）と OOXML 形式（.xlsx/.xlsm ファイル）があり、以下のライブラリを使って読み書きが可能です。これらはシステム上に Excel がインストールされていなくても使用できます。

- xlrd/xlwt：XLS 形式の読み書き
- OpenPyXL：OOXML 形式の読み書き
- XlsxWriter：OOXML 形式の書き込み

XLS 形式はファイルサイズが大きくなるので OOXML 形式がよく使われます。本書では OOXML 形式に対応している OpenPyXL の基本的な使い方を紹介します。

また、pandas でも Excel ファイルの読み書きが可能です。データ構造が簡単な場合は pandas を使用するのが最も簡単なのでおすすめです。

8.4.2 OpenPyXL による Excel ファイルの入出力

ここでは、OpenPyXL によって OOXML 形式のファイルを読み書きする方法を解説します。ファイル（ワークブック）を新規に作成するには、OpenPyXL の Workbook クラスを呼び出します（リスト8.21）。ワークブックは1つ以上のワークシートから構成されます。新規に作成したブックには1つのシートが含まれています。`wb.active` によってそのデフォルトのシートを選択できます。

リスト8.21 ブックの作成

In

```
from openpyxl import Workbook

wb = Workbook()
ws = wb.active
```

シートの名前はtitle属性で参照でき、任意の名前を付けられます(リスト8.22)。また、シートを追加するにはブックのcreate_sheetメソッドを使います。この例ではブックに2つのシートがあり、それらの名前一覧をsheetnames属性から確認しています。

リスト8.22 シートの追加

In

```
ws.title = '売上'
wb.create_sheet('分析結果')
wb.sheetnames
```

Out

```
['売上', '分析結果']
```

リスト8.23ではシートに書き込むデータをリストで作成しています。シートのappendメソッドでデータを1行ずつシートに追加していきます。最後にsaveメソッドを使ってファイルを保存します。作成したファイルの内容は図8.1のようになっています。

リスト8.23 ファイルの保存

In

```
rows = [['番号', '単価', '販売数量'],
        [1, 2000, 5],
        [2, 4500, 3],
        [3, 3000, 2],
        [4, 6000, 4]]

for row in rows:
```

```
    ws.append(row)

wb.save(r'openpyxl.xlsx')
```

図8.1 openpyxl.xlsxの内容

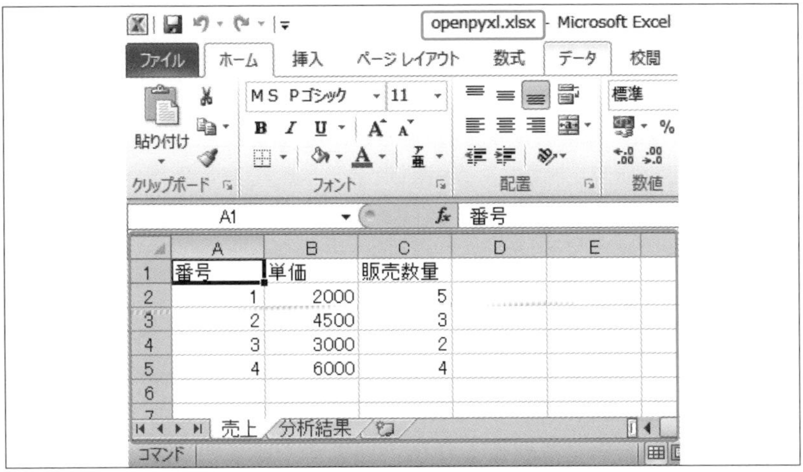

次に、作成したExcelファイルからデータを読み込んでみましょう。リスト8.24のようにファイルの読み込みにはload_workbook関数を使用します。データを読み込むだけの場合、引数にread_only=Trueを指定すると少ないメモリ使用量でファイルを開くことができます。また、引数にdata_only=Trueを指定しておくと、セルの数式ではなく、その数式が計算した値が読み込まれます。

シートやシートのセルは[]を使った添字表記で選択します。リスト8.24では'売上'シートの'B4'セルを参照しています。セルの値はvalue属性で取得できます。

リスト8.24 セルの値の参照

In

```
from openpyxl import load_workbook

wb = load_workbook(r'openpyxl.xlsx', read_only=True,
                   data_only=True)
ws = wb['売上']
ws['B4'].value
```

Out

```
3000
```

セルはws['B1:C4']のようにして任意の範囲を選択することもできます。また、特定の範囲の値を読み込むにはiter_rowsメソッドとiter_colsメソッドが便利です。これらをfor文で使うと、行ごとや列ごとにセルを取得することができます(リスト8.25)。min_row引数などを使って選択範囲の行と列の境界を指定します。そのほか、引数にvalues_only=Trueと指定すると、セルのオブジェクトでなくセルの値を取得できます。最後にデータの読み込みが終わったらcloseメソッドでブックを閉じて終了します。

リスト8.25 iter_rowsメソッドの例

In

```
for value in ws.iter_rows(min_row=1, max_row=4, min_col=1,
                          max_col=3, values_only=True):
    print(value)

wb.close()
```

Out

```
('番号', '単価', '販売数量')
(1, 2000, 5)
(2, 4500, 3)
(3, 3000, 2)
```

8.4.3 pandasによるExcelファイルの入出力

pandasではXLS形式とOOXML形式のどちらも読み書きできます。pandasの内部で使用するエンジンとしてxlrd/xlwt、OpenPyXL、XlsxWriterが使用でき、ユーザーが任意に選択できます。

pandasでExcelファイルにデータを書き込むにはto_excelメソッドを使います(リスト8.26)。引数にはファイル名のほか、書き込み先のシート名などを指定できます。

リスト8.26 to_excelメソッドの例

In

```
import numpy as np
import pandas as pd

data = np.array([[3, 0, 4, 0],
                 [2, 1, 9, 2],
                 [7, 3, 7, 0],
                 [6, 0, 9, 2]])
df_raw = pd.DataFrame(data)

df_raw.to_excel(r'pandas.xlsx', sheet_name='df1')
```

一方、pandasでExcelファイルのデータを読み込むにはread_excel関数を使います(リスト8.27)。作成されるデータフレームの列ラベルはheader引数で指定でき、デフォルトではワークシートの1行目が列ラベルとなります。デフォルトでは読み込みにxlrdが使われるので、OpenPyXLを使用している場合はengine引数に'openpyxl'と指定します。

リスト8.27 read_excel関数の例

In

```
df = pd.read_excel(r'pandas.xlsx', index_col=0,
                   sheet_name='df1')
df
```

Out

	0	1	2	3
0	3	0	4	0
1	2	1	9	2
2	7	3	7	0
3	6	0	9	2

複数のワークシートにデータを書き込む場合にはExcelWriterクラスを使うとファイルを開くのが一度で済み、処理が速くなります。リスト8.28のように

with文でExcelWriterクラスを呼び出します。to_excelメソッドにはファイル名の代わりにExcelWriterオブジェクトを渡します。

リスト8.28 ExcelWriterクラスを使ったデータの書き込み

In

```
with pd.ExcelWriter(r'pandas.xlsx') as writer:
    df.to_excel(writer, sheet_name='df1')
    df.T.to_excel(writer, sheet_name='df2')
```

逆に、複数のワークシートにデータを読み込む場合はExcelFileクラスを使用します(リスト8.29)。read_excel関数にはファイル名の代わりにExcelFileオブジェクトを渡します。

リスト8.29 ExcelFileクラスを使ったデータの読み込み

In

```
with pd.ExcelFile(r'pandas.xlsx', engine='openpyxl') as f:
    df1 = pd.read_excel(f, index_col=0, sheet_name='df1')
    df2 = pd.read_excel(f, index_col=0, sheet_name='df2')
```

CHAPTER 9

プログラムの高速化

本章ではCythonとNumbaを用いたプログラムの高速化について解説します。

9.1 プログラムの性能評価

本節では、プログラムの実行時間の計測方法と、ボトルネックを調べる方法を解説します。

9.1.1 実行時間の計測

プログラムは想定通りに正しく動作することが最も大切ですが、その動作を実現するコードの書き方は1つではありません。同じ結果を得られるのであれば、プログラムの実行時間は短い方が望ましいものです。

基本的には数値計算の多くの場合では、NumPyの配列とSciPyなどの関数を利用するだけで十分な処理速度が得られます。しかし、どうしてもプログラムの実行時間が気になるときは、コードの中で実行時間の長い部分(ボトルネック)を調べてみましょう。ただし、コードをより高速なものに書き換えようとしても、その時間的コストに見合うような成果が得られるとは限りませんし、コードが読みづらくなってしまうことや、コードの保守性を下げてしまうこともあります。プログラムの高速化はどうしても必要な場合にだけ検討しましょう。

Jupyter Notebookでは`%timeit`コマンドによってコードの実行時間をおおまかに評価できます。複数行のコードを評価するにはセルマジックの`%%timeit`を使用します。

リスト9.1では乱数配列を作成し、その合計値を求める際にかかる時間を計測しています。この例では、指定の式を10000回繰り返し実行するのにかかる時間が7回計測され、その結果から式の実行1回にかかる時間の平均と標準偏差が求められています。

リスト9.1 `%timeit`の例①

In

```
import numpy as np

x = np.random.randn(100000)

%timeit np.sum(x)
```

Out

```
42.2 µs ± 281 ns per loop (mean ± std. dev. of 7 runs, ➡
10000 loops each)
```

リスト9.2 のように%timeitコマンドに-oオプションを付けて実行すると、計測の詳細を確認することができます。ここで使用しているvars関数は、オブジェクトの持っている属性とその値の一覧を辞書として返す関数です。

リスト9.2 %timeitの例②

In

```
res = %timeit -o np.sum(x)
vars(res)
```

Out

```
42 µs ± 173 ns per loop (mean ± std. dev. of 7 runs, ➡
10000 loops each)
{'loops': 10000,
 'repeat': 7,
 'best': 4.18355e-05,
 'worst': 4.2360429999999916e-05,
 'all_runs': [0.4201718000000003,
  0.42094529999999963,
  0.4184544999999993,
  0.41876489999999933,
  0.42360429999999916,
  0.42078099999999985,
  0.41835500000000003],
 'compile_time': 4.3499999998530825e-05,
 '_precision': 3,
 'timings': [4.2017180000000034e-05,
  4.209452999999996e-05,
  4.1845449999999926e-05,
  4.1876489999999936e-05,
  4.2360429999999916e-05,
  4.2078099999999986e-05,
```

```
    4.18355e-05]}
```

loopsとrepeatの値は自動的に最適なものが設定されますが、リスト9.3のように-nオプションと-rオプションでユーザーが指定することもできます。ここではloopsを100、repeatを5に設定しています。

リスト9.3 %timeitの例③

In

```
%timeit -n 100 -r 5 np.sum(x)
```

Out

```
45 µs ± 2.9 µs per loop (mean ± std. dev. of 5 runs, ➡
100 loops each)
```

9.1.2 ボトルネックの調査

前述の%timeitコマンドでは、プログラム中のどこでどれだけ処理に時間がかかったのかは調べられません。実行時間を詳細に分析するには、Pythonの標準ライブラリのcProfileを使用します。Jupyter NotebookではcProfileの機能を%prunコマンドで使用できます。

リスト9.4では%prunコマンドで自作の関数の実行時間をプロファイリングしています。出力されるレポートには、プログラムの中で呼び出された各関数の回数、実行時間の合計と累積などがまとめられています。この例で使用しているtime.sleep関数は、指定の秒数だけ処理を止める関数です。指定通りにtime.sleep関数に0.1秒かかっていることが確認できます。

リスト9.4 %prunの例

In

```
import numpy as np
import time


def myfun(n):
    A = np.random.rand(n, n)
    b = np.random.rand(n, 1)
    time.sleep(.1)
```

```
    res = A @ b

%prun myfun(10000)
```

Out

```
         7 function calls in 1.180 seconds

   Ordered by: internal time

   ncalls  tottime  percall  cumtime  percall ➡
filename:lineno(function)
        2    0.955    0.477    0.955    0.477 {method ➡
'rand' of 'mtrand.RandomState' objects}
        1    0.100    0.100    0.100    0.100 {built-in ➡
method time.sleep}
        1    0.075    0.075    1.180    1.180 ➡
<string>:1(<module>)
        1    0.050    0.050    1.105    1.105 <ipython- ➡
input-5-932443a66c79>:4(myfun)
        1    0.000    0.000    1.180    1.180 {built-in ➡
method builtins.exec}
        1    0.000    0.000    0.000    0.000 {method ➡
'disable' of '_lsprof.Profiler' objects}
```

関数の中の各行でどれだけ処理に時間がかかったのかを調べるにはline_profilerというモジュールを利用しましょう。line_profilerはAnacondaのbase(root)環境にはインストールされていません。line_profilerを使用するにはAnaconda Navigatorなどからインストールする必要があります。

Jupyter Notebookではline_profilerを実行する%lprunコマンドが使用できます。リスト9.5を実行すると%lprunコマンドが使えるようになります。

リスト9.5 %lprunコマンドの有効化

In

```
%load_ext line_profiler
```

%lprunコマンドで調査する関数を-fオプションで指定します。リスト9.6ではmyfun(10000)を実行することで、myfun関数内の各行にかかる時間を調べています。レポートのTimer unitが単位時間で、Timeは単位時間の何倍の時間を処理に要したかを表しています。

リスト9.6 %lprunの例

In

```
%lprun -f myfun myfun(10000)
```

Out

```
Timer unit: 1e-07 s

Total time: 1.11448 s
File: <ipython-input-5-932443a66c79>
Function: myfun at line 4

Line #      Hits         Time  Per Hit   % Time  Line ➡
Contents
========================================================= ➡
======
     4                                           def ➡
myfun(n):
     5         1    9672890.0 9672890.0     86.8 ➡
A = np.random.rand(n, n)
     6         1       1028.0   1028.0      0.0 ➡
b = np.random.rand(n, 1)
     7         1    1001645.0 1001645.0      9.0 ➡
time.sleep(.1)
     8         1     469265.0 469265.0      4.2 ➡
res = A @ b
```

9.2 Cython

本節ではCythonの基本的な使い方を解説します。

9.2.1 基本的な使い方

動的型付け言語であるPythonでは、プログラムを実行すると様々な場面でデータの型がチェックされ、それに応じて処理が選択されます。静的型付け言語であるC/C++やFortranでは、コンパイル時に型がチェックされ、最適な機械語の命令が生成されます。よって、動的に型チェックが入るPythonよりも、静的型付け言語で記述されたプログラムの方が実行速度は高速です。NumPyの配列はCやFortranの配列に近いデータ構造なので、SciPyなどでは静的型付け言語で作られたライブラリをPythonから利用することで高速な処理を実現しています。そのため、数値計算の多くの場合ではNumPyの配列と、用意されている関数を利用するだけで十分な処理速度が得られます。

Pythonでは`for`文を使って配列の個々の要素にアクセスしようとすると、ループ時の型チェックの関係で処理が非常に遅くなってしまいます。しかし、NumPyやSciPyの関数として実装されていない処理を行うときには、`for`文を使って関数を自作するしかありません。リスト9.7では`for`文を使い、2つの配列の要素を比較して大きい方の値を取り出す関数を作成しています。この例はNumPyに同じ処理の`maximum`関数が実装されているので実用性はありません。自作関数と`maximum`関数の実行時間を比較すると、自作関数の方が大幅に処理が遅いことがわかります。

リスト9.7 自作関数とNumPyの関数の処理にかかる時間の比較

In

```
import numpy as np

def max_py(x, y):
    res = np.empty_like(x)
```

```
    for i in range(len(x)):
        res[i] = max(x[i], y[i])

    return res

x = np.random.rand(1000000)
y = np.random.rand(1000000)

# 自作関数と NumPy の関数の実行時間
%timeit max_py(x, y)
%timeit np.maximum(x, y)
```

Out

```
406 ms ± 1.07 ms per loop (mean ± std. dev. of 7 runs, ➡
1 loop each)
7.23 ms ± 62 µs per loop (mean ± std. dev. of 7 runs, ➡
100 loops each)
```

自分でC言語やFortranの外部ライブラリを作成できればPythonでそれを利用することもできますが、その習得には時間がかかります。そこで開発されたプログラミング言語が**Cython**です。CythonはCythonのコードからC言語のコードを作成し、それをコンパイルしてPythonのモジュールや実行ファイルを作成します。Cythonの言語仕様はPythonに近く(上位互換)、比較的簡単に利用できます。

WindowsではCythonを使うためにC/C++のコンパイラをインストールする必要があります。まずはMicrosoft社のVisual Studioの公式サイト(URL https://visualstudio.microsoft.com/ja/downloads/)にアクセスし、図9.1の「ダウンロード」をクリックしてBuild Tools for Visual Studio 2019をダウンロードします。

図9.1 Build Tools for Visual Studio 2019のダウンロード画面

ダウンロードしたファイルを実行すると図9.2の画面が表示されます。「続行」をクリックして進めます。

図9.2 Setup開始

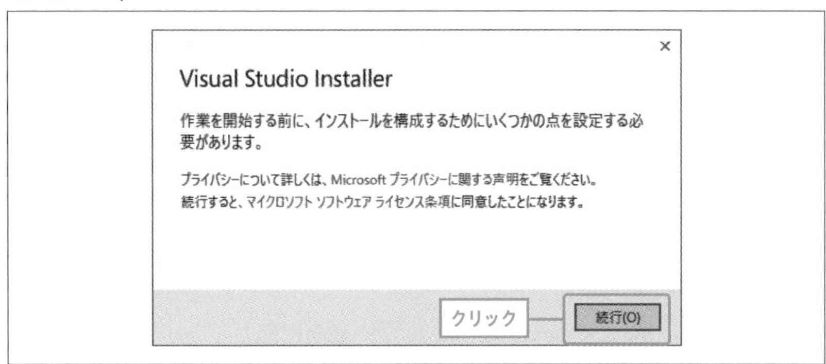

図9.3の画面が表示されたら「C++ Build Tools」の欄にチェックを入れ❶、「インストール」をクリックします❷。インストールが始まるので、完了するまでしばらく待ちます。

図9.3 C++ Build Toolsを選択

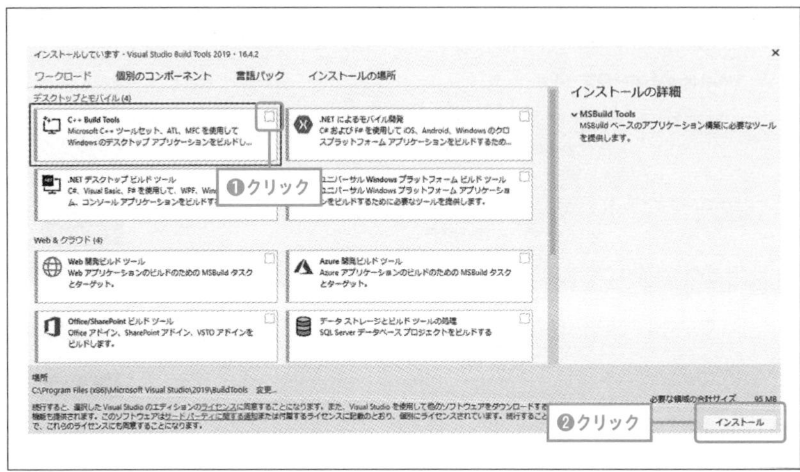

インストールが完了すればCythonが利用できるようになっています。CythonをJupyter Notebookで利用する際は%%cythonコマンドを使いましょう。リスト9.8のコマンドを実行すると%%cythonコマンドが使用できるようになります。

リスト9.8 %%cythonコマンドの有効化

In

```
%load_ext cython
```

関数定義のセルに%%cythonコマンドを記述するだけで、その関数がC言語化し、コンパイルされてPythonから利用できるようになります。リスト9.9はmax_py関数をCython版のmax_cy関数としたものです。リスト9.10の計測結果を見ると、これだけでも元の関数よりは実行速度が向上しています。

リスト9.9 %%cythonの例

In

```
%%cython
import numpy as np

def max_cy(x, y):
    res = np.empty_like(x)
```

```
    for i in range(len(x)):
        res[i] = max(x[i], y[i])

    return res
```

リスト9.10 max_cy関数の実行時間を計測

In

```
%timeit max_cy(x, y)
```

Out

```
113 ms ± 1.15 ms per loop (mean ± std. dev. of 7 runs, ➡
10 loops each)
```

9.2.2 型の宣言による高速化

%%cythonコマンドにはボトルネックを見つけるための-aオプションが用意されています。本書では表示できませんが、リスト9.11を実行して出力されるレポートでは、Pythonに強い依存関係を持つ行が黄色く、直接純粋なC言語のコードに変換される行が白く表示されます。つまり、実行時間がかかる部分ほど黄色く表示されます。出力結果の行番号の横にある+をクリックすると、Cythonが生成するC言語のコードを確認することができます。

リスト9.11 -aオプションによるレポートの出力

In

```
%%cython -a
import numpy as np

def max_cy(x, y):
    res = np.empty_like(x)

    for i in range(len(x)):
        res[i] = max(x[i], y[i])

    return res
```

Out

```
Generated by Cython 0.29.15

Yellow lines hint at Python interaction.
Click on a line that starts with a "+" to see the C code ➡
that Cython generated for it.

+1: import numpy as np
 2:
+3: def max_cy(x, y):
+4:     res = np.empty_like(x)
 5:
+6:     for i in range(len(x)):
+7:         res[i] = max(x[i], y[i])
 8:
+9:     return res
```


コードをより高速化するには、ボトルネックになる関数の引数や変数、返り値に型宣言を追加します。型を宣言することにより、Cythonコンパイラはより効率的なC言語のコードを生成できるようになります。リスト9.12ではmax_cy関数に型宣言を追加したmax_typed関数を作成しています。引数のxとyは要素が倍精度浮動小数点数型の1次元配列であるとし、cdef文を用いて変数のiやresの型も宣言しています。

また、ここでは@boundscheck(False)と@wraparound(False)の2つのデコレータを適用しています。これは、配列の長さを超えるインデキシングのチェックや、負の数によるインデキシングを無効にしています。これにより、さらにコードの実行時間を短縮できています(リスト9.13)。max_typed関数の実行速度はNumpyの関数よりも速くなっています。

Cythonにはほかにも機能があり、より高速化することもできますが、コードの変更箇所が多くなっていきます。興味があればCythonのドキュメント(URL https://cython.readthedocs.io/en/latest/)を確認してみてください。

リスト9.12 型宣言を追加した関数の作成

In

```
%%cython
from cython import boundscheck, wraparound
import numpy as np

@boundscheck(False)
@wraparound(False)
def max_typed(double[:] x, double[:] y):
    cdef int i
    cdef double[:] res

    res = np.empty_like(x)

    for i in range(len(x)):
        res[i] = max(x[i], y[i])

    return res
```

リスト9.13 max_typed関数の実行時間を計測

In

```
%timeit max_typed(x, y)
```

Out

```
4.03 ms ± 28.5 µs per loop (mean ± std. dev. of 7 runs, ➡
100 loops each)
```

9.3 Numba

本節ではNumbaの基本的な使い方を解説します。

9.3.1 @jitデコレータ

NumbaはJIT(Just-In-Time)コンパイラという機能を利用してプログラムを高速化するフレームワークです。Numbaの機能を適用した関数は、プログラムの実行時に機械語にコンパイルされるようになります。Numbaの大きな利点は、元のコードに少しだけ記述を加えるだけで高速化を実現できることです。

Numbaには様々なデコレータが用意されており、それらを関数やクラスに対して適用します。リスト9.14は関数を@jitデコレータで高速化する簡単な例です。関数に@jitデコレータを付けると、その関数がJITコンパイラでコンパイルされるようになります。

リスト9.14では元の関数、NumPyの関数、Numbaを使った関数の処理時間を比較しています。元の関数は@jitデコレータが適用された関数のpy_func属性から参照できます。Numbaによって処理が大幅に速くなっており、for文を含むコードのパフォーマンスを簡単に上げられることが確認できます。

@jit(nopython=True)とするとNumbaで高速化できなかった場合にエラーが表示されるようになるので、常にこのオプションを有効化することをおすすめします。または、nopythonオプションを有効化した@njitもあるので、そちらを使いましょう。

リスト9.14 @jitの効果の確認

In

```
import numpy as np
from numba import jit

@jit(nopython=True)
def max_jit(x, y):
    res = np.empty_like(x)
```

```
    for i in range(len(x)):
        res[i] = max(x[i], y[i])

    return res

x = np.random.rand(1000000)
y = np.random.rand(1000000)

# 元の関数、NumPy の関数、Numba を使った関数の比較
%timeit max_jit.py_func(x, y)
%timeit np.maximum(x, y)
%timeit max_jit(x, y)
```

Out

```
526 ms ± 4.87 ms per loop (mean ± std. dev. of 7 runs, ➡
1 loop each)
7.13 ms ± 16.3 µs per loop (mean ± std. dev. of 7 runs, ➡
100 loops each)
3.74 ms ± 13.9 µs per loop (mean ± std. dev. of 7 runs, ➡
100 loops each)
```

ほかにも@jitにはいくつかオプションが用意されています。例えば リスト9.15 のようにparallel=Trueを指定すると、マルチコアCPUで並列処理が行われるようになります。この場合はfor文で使うrangeをprangeに書き換えます。ただし、このようなオプションを有効化しても、処理内容によっては高速化されないこともあります。オプションは実行速度を確認しながら使うようにしましょう。

リスト9.15 @jitによるマルチコアCPUでの並列処理

In

```
from numba import prange

@jit(nopython=True, parallel=True)
def max_jit_parallel(x, y):
```

```
    res = np.empty_like(x)

    for i in prange(len(x)):
        res[i] = max(x[i], y[i])

    return res

%timeit max_jit_parallel(x, y)
```

Out

```
2.69 ms ± 191 µs per loop (mean ± std. dev. of 7 runs, ➡
1 loop each)
```

9.3.2 @vectorizeデコレータ

引数に数値を受け取り、計算結果を返す関数を定義したとします。NumPyのvectorize関数を用いると、その関数を配列の要素に対してforループで適用する関数を作成できます。リスト9.16はnp.vectorize関数の使用例で、作成したmyfun_np関数は配列を引数に受け取り、結果も配列で返します。

リスト9.16 np.vectorize関数の例

In

```
import math

def myfun(a, b):
    if a < b:
        return math.sin(b - a)
    elif a > b:
        return math.cos(a - b)
    else:
        return 0

myfun_np = np.vectorize(myfun)

x = 2 * np.pi * np.random.rand(1000000)
```

```
y = 2 * np.pi * np.random.rand(1000000)

%timeit myfun_np(x, y)
```

Out

```
351 ms ± 1.26 ms per loop (mean ± std. dev. of 7 runs, ➡
1 loop each)
```

np.vectorize関数で作成した関数は、実装としてはforループを使っているために処理が低速です。そこで、このような関数を作成する場合はNumbaの@vectorizeを使いましょう。これはnp.vectorize関数と同じように配列を引数に受け取れる関数を生成し、さらにその関数をJITコンパイルします。リスト9.17のように@vectorizeを使うだけで処理速度が向上します。

リスト9.17 @vectorizeの効果の確認

In

```
from numba import vectorize

@vectorize(nopython=True)
def myfun(a, b):
    if a < b:
        return math.sin(b - a)
    elif a > b:
        return math.cos(a - b)
    else:
        return 0

%timeit myfun(x, y)
```

Out

```
17.9 ms ± 116 µs per loop (mean ± std. dev. of 7 runs, ➡
100 loops each)
```

リスト9.18のようにtarget='parallel'を指定すると、マルチコアCPUでの並列処理向けにコードが生成されます。この機能を使う場合は引数と返り値の型を明示する必要があります。ここで指定しているf8とi8はそれぞれfloat64とint64の指定文字です。リスト9.18の結果を見ると、このような簡単な指定だけで、かなりパフォーマンスが向上したことがわかります。

リスト9.18 @vectorizeによるマルチコアCPUでの並列処理

In

```
@vectorize(['f8(i8,i8)', 'f8(f8,f8)'],
           nopython=True, target='parallel')
def myfunc_parallel(a, b):
    if a < b:
        return math.sin(b - a)
    elif a > b:
        return math.cos(a - b)
    else:
        return 0

%timeit myfunc_parallel(x, y)
```

Out

```
4.3 ms ± 83.8 µs per loop (mean ± std. dev. of 7 runs, ➡
100 loops each)
```

本節では、Numbaの基本的な使い方を紹介しましたが、Numbaはほかにも GPU向けのコードを生成できたりと、様々な機能を持っています。興味がある方は以下の公式ドキュメントを参照してください。

- Numba documentation
  URL https://numba.pydata.org/numba-doc/dev/index.html

記号

A/B/C

D/E/F

G/H/I

J/K/L

M/N/U

P/Q/R

S/T/U

V/W/X/Y/Z

あ

か

さ

た

な

は

PROFILE

著者プロフィール

かくあき

東京工業大学工学部卒業後、同大学院理工学研究科を2012年に修了。
学生時代から数値解析を中心にPython、MATLAB、Fortran、C、LISPなどのプログラミング言語を利用。
Pythonの普及の一助となるべく、Udemyで講座を公開、KDPでの電子書籍を出版するなど情報発信。

装丁・本文デザイン　大下 賢一郎
装丁写真　iStock / Getty Images Plus
編集・DTP　株式会社アズワン
校閲協力　佐藤弘文

現場で使える！Python（パイソン）科学技術計算入門
NumPy（ナンパイ）/SymPy（シンパイ）/SciPy（サイパイ）/pandas（パンダス）による数値計算・データ処理手法

2020年　5月19日　初版第1刷発行
2022年　8月25日　初版第3刷発行

著　者　かくあき
発行人　佐々木幹夫
発行所　株式会社翔泳社（https://www.shoeisha.co.jp）
印刷・製本　株式会社シナノ

＊本書へのお問い合わせについては、ii ページに記載の内容をお読みください。
＊落丁・乱丁はお取り替えいたします。03-5362-3705 までご連絡ください。

ISBN978-4-7981-6374-1
Printed in Japan